湛庐CHEERS

与最聪明的人共同进化

HERE COMES EVERYBODY

远见思维

THINK BIG

[英]格蕾丝·洛丹 著
GRACE LORDAN
石雨晴 译

浙江教育出版社·杭州

献给我的母亲丽塔

—— 永远爱你的格蕾丝

你拥有远见思维吗？

扫码鉴别正版图书
获取您的专属福利

扫码获取全部
测试题及答案，测一测
你拥有远见思维吗？

- 无论我们认为自己考虑得多周全，大多数时候，我们并不像自己想象的那般理性，这是真的吗？（ ）

  A. 真

  B. 假

- 心理学家米哈里·希斯赞特米哈伊指出，心流是一种心理状态，一种将个体注意力完全投注在某活动上的感觉。人每一次停留在心流状态的时间最多不会超过多少分钟？（ ）

  A. 30 分钟

  B. 50 分钟

  C. 70 分钟

  D. 90 分钟

- 研究表明，人们有 50% 的快乐取决于基因以外的因素，这是真的吗？（ ）

  A. 真

  B. 假

扫描左侧二维码查看本书更多测试题

中文版序

从小改变开始，构建你想要的未来

这是来自伦敦的问候！很高兴见到你！

感谢你选择《远见思维》这本书！非常感谢来自中国的每一位读者。我对坚持“远见”的旅程寄予厚望，希望它能帮助你按照自己想要的方式构建未来的职业生涯。

一些读者可能会选择从事在中国发展迅速的领域，比如科技或工程。在这个过程中，他们可能会顺着公司提供的晋升通道，获得更高的地位和更多的收入，也可能会选择为一家小公司工作，并在那里度过令人兴奋的成长阶段。

另外一些读者可能会选择创业。现在似乎也是在中国创业的好时机——全球前五个风险投资最多的城市中，有三个在中国。中国是一个令人兴奋的创新型国家！

还有一些读者可能会希望摆脱长时间工作的困扰，因为他们认为生命太短暂了。他们希望消除工作生活中的负能量。我注意到有一种“躺平”的现象，并且也能够理解这种精疲力竭的感觉。《远见思维》就是一个应对“躺平”现象的完美选择，它能帮助你确定可以采取的行动，让你的工作与生活更加平衡。

肯定也会有很大一部分读者对自己的未来目标不太确定。不要害怕；我也曾在生活中多次处于这种境地。我也是跟随《远见思维》中规划的旅程，为自己找到了一个能给我提供自主权，能给我带来幸福感和高收入的职位。你一定也可以！

当你翻开这本书时，我建议你多做练习，采取书中建议的行动，多做一些有益的笔记。现在就是确定你的远大目标的时刻了，不要害怕失败，也不必担心别人会说什么。最重要的是，你的远大目标应该与你喜欢的工作紧密相连。我会帮助你达成这一切。我可以保证，你会成功战胜那些阻碍你前进的叙事，并确定一个完美的远大目标。

从“我不够好”到“我不适合”，这样的说法我已经听过很多次了。现在是时候去改变了，让这些不恰当的自我叙事不再阻碍你。你是否曾觉得自己没有足够的时间去构建理想的未来？我曾经也是！在这本书里，我将告诉你如何识别那些正在浪费你宝贵时间的事情，这样你就不会感到负担过重，从而放慢脚步，并为你想要的成功铺平道路。

在伦敦政治经济学院，我被称为行为科学家，这是因为我非常了解认知偏差，并知道如何做出正确的决策。我会利用这些知识向你分享一些小见解，帮助你避免认知偏差对你的成功的阻碍。也许你正在因为别人的认知偏差而面临歧视或不公平待遇，我也会针对这种情况为你提供帮助，我会告诉你如何调整你所处的环境，这样你就可以轻松地提高你的工作效率。

然而，整个远见思维之旅肯定会有起伏。因此，关注你的复原力水平是非常重要的。在这本书中，我也会用整整一章的篇幅来介绍提升复原力的最佳建议，它们非常容易做到，而且效果很好。

这本书充满了来自行为科学领域的观点介绍，能帮助你得到你想要的未来。每个人都是独一无二的，不一定每种方法都适合你。我建议你一个一个地尝试，并评估每一种方法是否对你有积极的影响。我自己就经常这样做，我会把自己当作一个行为科学实验的受试者。我把每一种方法应用到自己身上，然后在 7 天后，我会坐下来评估我所做的改变是否真的让我的行为朝着我想要的方向改变了。如果有效，我会继续应用；如果没有任何效果，我就会停止使用，这样我就不会浪费时间。我将教你做同样的事，让你能够肯定你正在做的改变是有效的。

如果你有什么困惑，也可以与我联系，我也想听听你的经历。在那之前，祝你阅读快乐！

现在，你准备好开始了吗？

Grace Lordan

目　录

前 言

远见思维的力量

想象出一个不喜欢自己的工作之人的样子并不难……

我们就叫她凯蒂吧。凯蒂学的是历史专业，大学毕业后进入一家大型广告公司，参与了该公司的毕业生培训项目。她在市场营销方面表现出了非凡的天赋，实习一结束就转为全职。在工作中，凯蒂似乎如鱼得水。当时，社交媒体营销风头正盛，凯蒂迅速掌握了利用这一手段为客户服务的方法，她的客户主要是大型食品公司。她接连取得了几项重大成就，比如策划出了获奖的营销活动，为公司赢得了新客户，她也因此步步高升。十几年的光阴飞逝而过，她的人生似乎也插上了腾飞的翅膀。现在，35 岁的凯蒂已经是一个全球团队的负责人了，该团队为世界顶级食品生产公司提供在线营销解决方案。她深受同事们的喜爱，薪水也高得惊人。在她的社交圈里，她是人人羡慕的对象。

事实却是，凯蒂厌烦自己的工作，她与许多人一样感觉自己深陷在工作中。凯蒂觉得自己应该过得非常开心，实际上却非常痛苦。她必须做出改变，但改变什么呢？

凯蒂代表着那些表面上似乎对现状很满意，内心却渴望有所改变的人。对她来说，当务之急是改变原有的工作节奏，运用远见思维来思考问题。

凯蒂们并不是唯一一类需要远见思维的人……

再来看一个例子，我们姑且称他为雷扬什。雷扬什大学辍学，一直想继续学业，但未能做到。他从事服务行业，做过几份不同的工作，比如酒吧招待、服务员，后来终于找到一份称心的工作——咖啡师。在过去的几年里，他一直在一家咖啡店工作，自他加入后，这家咖啡店的忠实顾客就稳步增长。雷扬什煮咖啡的手艺不错，但这并不是店里生意这么好的原因。顾客是因为雷扬什这个人才纷纷成为回头客的。雷扬什风趣幽默，很有魅力。他并不是煮咖啡速度最快的咖啡师，经常忙于与顾客闲聊。商家一般都会制订管理赠品的会员奖励计划，但他有时只是因为阳光明媚或者喜欢顾客的外套就会免费赠送咖啡，每当这个时候，店主就会笑着斥责他。雷扬什为这家咖啡店创造了巨大的价值，这一点大家有目共睹。他还是一名出色的值班主管、卓越的实习生培训师，也极其擅长与顾客打交道，就连脾气最糟、最难应付的顾客，他都能让对方笑着离开。

雷扬什并不满足于现状，咖啡师这份工作虽然很好，但总归是权宜之计。一方面，这份工作薪水不高；另一方面，制作咖啡、与人闲聊又很有意思。但他渴望从自己的工作中获得更深层次、更有意义的东西。

雷扬什代表着那些起步晚于社会时钟的人。当你的起步晚于同龄人，尤其是在不清楚自己的热情所在时，你就容易畏缩不前。对雷扬什来说，他的首要任务是运用远见思维重新规划自己的未来，找到更令自己满意的职业发展路径。

雷扬什们也并不是唯一一类需要重新规划自己的职业生涯的人……

下一个人物叫胡安，在投资银行工作。他喜欢自己的工作和同事，对于每周工作 50 个小时以上他不仅毫无怨言，还乐在其中。他现在管理着一个 10 人团队，尽心尽力地带领着他们奋进。他是一个中层领导，在过去的 5 年里，他见证了团队成员的发展和晋升，有两人已经被提拔为他的领导。胡安由衷地希望他们发展得好，但他不明白自己的事业为什么停滞不前。他越来越失望，但并没有表现出来。

胡安代表着渴望升职，但又停滞不前的那类人。他首先应该做的是重新规划未来几年的职业发展，走出平台期。

总结一下，凯蒂讨厌自己的工作，雷扬什还没有开启自己的事业，胡安的事业陷入瓶颈。拿起本书的你或许也面临着相似的困境。

或许你有明确的职业目标，但不知如何实现。或许你连职业目标都没有，只是对现状不满。或许你既有明确的职业目标，也知道理论上该怎么实现，但是有人在阻碍你行动，比如一个糟糕的老板或同事。

不要害怕。

> **本书将帮助你小步前进，构建自己想要的职业生涯，还将利用行为科学的见解为你示范具体该如何做。**

行为科学取多学科所长，试图解释人们做出决策的原因，并找到通过简单调整环境以获得不同结果的方法。行为科学有助于解释为什么有些人在职业道路上走得磕磕绊绊，为什么有些人没有一开始就加入竞争，为什么有些人遇到挫折就选择退出竞争。行为科学还指出，我们应该运用远见思维来制订目标，并通过一小步一小步地不懈前进来支撑这一远见思维，如此便可实现目标。

作为伦敦政治经济学院的行为科学教授，在给硕士研究生、企业高层上课或参与行业会谈时，我总想强调一个事实：我研究的是人类行为，我的研究有助于解释为什么有些人无法得到自己想要的结果。

在本书中，我也会这么做。我将解释为什么你还没有实现一直为之努力的目标，并向你展示如何克服你所面临的重重阻碍。我将把行为科学的最新研究成果与自己的独到见解结合起来，并借助经济学、心理学和管理学等学科为你赋能，帮助你构建自己想要的职业生涯。我会在书中分享许多故事，尽管人名及其他身份信息是假的，但人物的主要经历是真实的。你甚至有可能在其中一些人身上看到自己的影子。

或许你正准备创业，或许你的公司正面临倒闭。或许你即将上大学，或许你正在考虑退学。或许你正在竞聘更高的职位，或许你希望能够横向调动，换个部门。或许你与许多人一样，对工作缺乏激情，迫切想要改变。

我保证，无论你处在什么职位、从事什么行业、正处于什么职业阶段，都能从本书中汲取有价值的经验，这将帮助你运用远见思维思考未来，为自己制订远大目标。本书还着重探讨了能带你迈向这一目标的那些小步骤。行为科学的见解也是本书的重点，它们将帮助你实施这些小步骤，并绕过远见思维之旅中的各种偏差和其他阻碍。

小步前进，构建理想的职业生涯

2011 年 12 月，我成为伦敦政治经济学院的一名讲师，当时的我充满了热情、兴奋和期待。大约 6 个月后，我与一位校外教授聊天，他也是一个我由衷钦佩且尊敬的人。在聊到我职业生涯的下一阶段时，他告诉我，要成为高级讲师至少需要 5 年，而且即便满了 5 年，要成为高级讲师也是极不容易的。

听到要花那么长的时间，我很震惊，也很沮丧，整个人就像泄了气的气球一样。如果我是一幅漫画中的人物，头顶一定悬着一团乌云。震惊过后，我默默地接受了这位“消极”教授的话，事业进入平台期，甚至开始倒退。我对研究失去了热情，工作也毫无效率。我陷入了自我怀疑，总觉得自己太过平庸。

那位教授的话成了“自我实现预言”。德高望重者的预言往往会成真，因为受预言影响的人听信了这些话，就会相应地改变自己的行为。在我的例子中，一个所谓的导师对我能力的评判让我觉得自己辜负了他们的期望，这对我的行为产生了消极影响。

事实上，那位教授和我并不熟，严格来说，他完全不了解我。

我是在一个不眠之夜突然意识到了这一点，那一瞬间，我像挨了一记响亮的耳光。“消极”教授关于我的叙事都是主观臆断，都是假的，它们就像童话故事一样，是基于典型人物创作出来的。这些典型人物建立在关于“格蕾丝们”的不准确的社会规范之上。人们看到我一派轻松，可能会将我误认为不认真对待自己的事业的人。也可能是我曾承认有些项目很难完成，那位教授便认为我永远无法完成那些项目。此外，在经济学领域，女性十分罕见，职位能得到晋升的更是凤毛麟角。也许是我不寻常的学术之路，即没有常春藤盟校的任职经历，让他以为我成功的可能性更低了。谁知道呢？

那天夜里，我意识到他错了。我也确信，他对我的评判是他基于自身的认知偏差和盲点的主观臆断。

那我该怎么做呢？

我能立刻做出的改变就是去咨询其他人的意见，我也确实这么做了。事实上，我找了三个人，仔细听取了他们的意见。我坚信倾听他人的意见有助于认识和提升自己，因此，这一过程对我格外重要。我也相信，如果每个人都说你死了，你就应该躺下。如果他们的观点与“消极”教授一致，认为我在 5 年内成为高级讲师的可能性非常低，那么在我看来，听取他们的意见，努力提升自己，才是明智之举。事实是，他们的观点与“消极”教授的截然不同。

5 年后的故事是怎样的呢？我已经晋升为副教授（比高级讲师的级别还要高），并且正在撰写申请晋升教授的简历。我的成就远远超出了自己的预期：我不仅拥有了梦寐以求的工作，还有一条清晰的职业发展路径。

参加会议时，我也会避开那位“消极”教授。

比起事业上的成功，更重要的也许是我更快乐了。我头顶的乌云散去了。若我继续相信“消极”教授所说的话，认为那就是残酷的现实，一切就会大不相同。若我没有绕过那个阻碍，我就不会成为今天的我。

我是幸运的。这类阻碍恰好是我当时的研究主题，我把自己当作实验对象，从而加深对人类行为研究的理解。我就是这样一步一步成为行为科学家的。

现在的我已经是伦敦政治经济学院的行为科学副教授，不久就将晋升为教授，办公地点在学院的康诺特楼。我是新成立的行为科学理学硕士项目的主任，也是“包容性倡议”的创始人兼负责人。我的研究旨在了解人们选择现在这份工作的原因，以及为什么有些人实现了自己的目标，而另一些人失败了。我的研究结果清楚地表明，在影响我们职业生涯的诸多因素中，尽管存在我们无法控制的因素，但仍有大量因素是可控的。基于这一点，我曾为许多企业领导人提供建议，帮助他们找到为员工创造公平竞争的环境的方法，确保能力、技术与才华才是员工获得报酬的依据。

本书将从另一个角度探讨这一问题，探讨如何赋予个人远见思维的能力，如何通过一些小步骤来构建自己想要的职业生涯。

认知偏差阻碍我们的发展

拥有远大梦想不难，但实现梦想很难。如今的职场困难重重，需要的技能随时在变。技术的进步与全球化的日益加深正在不断改变工作的类型。越来越多的人发现，自己所处的职场是赢家通吃型。无论是在传统企业中，还是在现代的初创企业中，工作能力最强的人往往会获得丰厚的报酬，而那些工作能力排名仅比他们低 0.25 个百分点的人得到的报酬则要低得多。

如果你有明确的目标，并正在为之拼搏，你可能会感到身心俱疲。如果你工作非常努力，却没有方向或目标，情况可能更糟。许多人为了追求成功，完全失去了自己的生活。他们错过了家庭活动和定期体检，忘记了各种纪念日。如果我们为了工作牺牲自己的健康和幸福，我们的薪酬当然应该以我们的影响力、技术、能力和才华为依据来计算，否则这份薪酬就配不上我们为之所冒的风险。

正因为如此，我们才会努力提升自己的技能，而新获得的技能可以产生惊人的成果，比如突破性的研究成果、创新的战略或人人均能从中受益的产品。然后，我们便能得到与成果相匹配的回报。对吧？

遗憾的是，决定谁得到什么奖励以及为何能得到奖励的规则并不完全公平，而且往往是不公平的。每天都有伟大的新产品被否定，也有真正的人才被埋没，还有有价值的创新被抛弃。认知偏差是阻碍我们前进，令我们的事业停滞的常见原因。这些偏差可能已经不止一次阻碍过你与你的职业发展。它们甚至可能明目张胆到你一眼就能发现，然后因为无可奈何而忍不住大哭一场。当那些能影响你职业发展的人告诉你，你所在的这一行存在的盲点会令你的职业生涯更漫长，甚至更痛苦时，你会十分沮丧。当“我们都是这么做的”的叙事阻碍了你的创新，当官僚主义、繁文缛节、游说活动让你不得不在无休止的讨论中浪费时间，你可能会逐渐丧失信心与斗志。当你在公司遇到了一些才华横溢、智慧超群的人，目睹他们只是因为并非出身顶尖名校、没有人脉或者长相“不对”就晋升无望，你的脾气可能会越来越坏。

这不仅仅关乎他人，因为认知偏差并非只影响他人的为与不为，我们自身的认知偏差也会阻碍我们前进。

你可能认为自己是个出色的决策者，决策前总会深思熟虑，不会让情绪控制理智，并且逻辑清晰，对吧？

你错了。

行为科学已用确凿的证据证明，无论我们认为自己考虑得多周全，大多数时候，我们的决策都深受认知偏差和盲点的影响。我们常常认为自己的行动目标明确，实则不然。我们并不像自己想象的那般理性。

我们自身的认知偏差是如何阻碍我们的职业发展的？如果你就职于大企业，问问自己为什么没有去争取升职的机会。是尚未达到晋升条件，还是晋升标准不明（现实中的大多数情况都是如此），你想确保自己远远超过那些标准？

先退一步，想想什么是理性决策。

我若是理性的，就会想要尽快升职，以得到相应的好处，比如加薪、得到更高的地位，以及摆脱棘手的麻烦。在晋升标准不明的情况下，我不是应该更早行动吗？我应该去碰碰运气，对吧？

也许我把失败看得太重了。

如果这段描述也适用于你，那就表明认知偏差正在阻碍你。你高估了失败的代价（拒绝、痛苦、尴尬等），低估了成功可能会带来的好处。

对大多数人来说，预想中的失败太过可怕，吓得我们放弃了许多本应参与的竞争。在我们的预想中，失败是一件糟糕透顶的事，我们连面对它的勇气都没有。其实，事实并没有我们预想的那么糟糕，等待我们的也并不一定是失败。在遭遇失败后，我往往会一边喝一杯上等的红葡萄酒，吃些巧克力，一边鼓励自己，然后从头再来，再试一次。最重要的是，我们要从尝试与失败中吸取经验和教训，这本就是一种人生体验。

容我再举一例。你是否厌恶现在的工作，梦想着自己创业？你或许有一个很酷的产品创意，但一想到前途未卜，又会失去稳定的收入，就不禁冒出一身冷汗。所以你选择继续忍受长时间的通勤，继续隐隐担心错失了自己真正渴望的事业。

这样做理智吗？你是否认为这个决策的结果要么是大获全胜，要么是一无所有？你是否低估了后悔的代价？你有没有想过，若你从未追求过自己的梦想，等到 80 岁时再感叹“要是……会如何”是什么感觉？

我们会被自己的认知偏差束缚住。其实，对大多数人来说，这才是主要问题。若认真反思一下，我认为在阻碍着我的偏差中，我自身的偏差和他人的偏差所占的比例是 80 : 20。我曾在早该放弃的项目上耗费了太多时间，成为沉没成本谬误（sunk cost fallacy）的受害者。这种谬误是指一种只因业已投入的资源而想要坚持下去的倾向。我还严重低估了完成一些最基本的任务所需的时间，落入了计划谬误（planning fallacy）的陷阱。这种谬误是指，我们以为自己所做的事情总会按照最理想的状况发展。在职业生涯的不同阶段，我都曾被冒名顶替综合征（imposter syndrome）困扰，明明拥有深厚的资历与丰富的经验，有很大胜算，但在向别人推荐自己时，依然感觉自己名不副实。显然，就连了解冒名顶替综合征的人也会落入这一陷阱。我也曾为了避免感受失败或被拒绝的痛苦而一再拖延，包括撰写本书时。

其实，我们的职业生涯是一段漫长的旅途，这段旅途本就充满了磕绊、停滞和逆转，有时甚至会徘徊在悬崖边缘，意识到了这一点，我们才能挣开束缚，轻松上路。一旦接受了会被自身偏差阻碍的可能性，我们就会变得积极主动。从前文可知，在阻碍我的认知偏差中，有80%是我可以控制的。控制它们会对我的职业发展产生巨大影响。这同样适用于你，只是对你来说，这个比例可能有所不同。

我希望，从此刻开始，你可以掌控自己的职业发展之旅，利用行为科学的见解帮助自己确定并追求新的远大目标，或者更进一步，实现自己的梦想。

将眼光放长远，实现真正的改变

在运用远见思维时，我们很容易给自己的新目标设定一个确切的完成日期。我希望你不要这么做，因为每个人的人生旅程都是以天赋、努力和运气为变量的函数。你可以发挥天赋，付出努力，但你无法控制运气。我可以肯定的是，你即将踏上职业转型之旅，而这将历时数年。

是的，你没看错，这个过程将历时数年！

对一些人来说可能是 2 年，对另一些人来说可能是 5 年，如果你的目标是成为国家领导人、大公司的首席执行官或创造一个突破性产品，那你甚至有可能要花上 10 年，甚至更长的时间。

不要恐慌！在这个过程中你也能不断成长，并非等待数年才能见到成果。事实上，你一踏上这段旅程就能有所收获。就像从纽约到旧金山的公路之旅，你会途经一些具有历史意义的地方，也会有单纯享受沿途风景的时刻，这一路充满了乐趣和刺激。

> **公路之旅的目的并不单单是抵达别处，旅途本身就是收获。**

你的职业发展之旅也是同理，你会遇到困难和挫折，甚至陷入低谷。或许，你还会停歇片刻，去忙其他人生大事。如果你买到一本书，作者在书中承诺能让你在一周或一个月之内实现新的目标，或者让你的人生发生重大变化，那我希望你能立刻退了它。我们都有取得伟大成就的潜力，但若真能这么简单，岂不是人人都去做了？

如果你并不是处在人生的十字路口，那你就要现实一点，认识到远见思维之旅是一场漫长的探险，需要历时数年，而非数日、数周或数月，但又不至于耗费掉你成年后的大部分年华。这种做法还能很好地平衡工作与生活。你无须孤注一掷，就算无法每天都出色地完成工作，世界末日也不会降临。在追求任何一个远大目标的过程中，保持工作和生活之间的平衡都应该是最重要的。

我们来做一个思想实验。假设你回到5年前，记下这5年中你经历的一切重大变化。它们并不一定要与工作有关，可能是亲密关系的改变、至亲离世、移居异国、生孩子、开始求学并取得学位、减肥成功、跑马拉松等。想一想，在此过程中，你的性格有变化吗？你的处事能力有变化吗？你穿衣打扮的风格有变化吗？先列出过去5年里你所经历的重大变化，然后列出你认为自己在未来5年内会发生的变化。

我给企业管理人员上行为科学课时，有时也会做这个练习，不过不会让他们把二者都列出来，而是择其一即可。我发现，总的来说，相较于展望未来者，回顾过去者写下的内容更长、更具雄心，且每次都是如此。这些人是为了成为商业领袖才来听课的，按理来说，他们应该期待能在未来做出重大改变。

那么问题出在哪儿呢？

大多数人在回顾过去时都认为自己经历了诸多重大变化。在展望未来时，我们则认为接下来的5年里不会再经历什么重大的变化，自己差不多就这样了。其实，这只是行为科学上的一种错觉。无论年龄多大，我们都倾向于低估自己在未来几年里所能取得的成就，但在回顾过去时又会认为自己取得了巨大进步！[1]

因此，未来的自己是低成就者，过去的自己则是高成就者。想象一下，如果你曾有意识地为过去的2年、5年甚至10年制订远大目标，并一步一步脚踏实地地迈向它，你会取得何种成就？你本可以着眼于更大的目标，为了你真正想要的东西而奋斗，而不是总在为下个月的工资、下一次加薪或下一次升职而努力。相信我，运用远见思维制订目标，一步一步朝着目标迈进，你就能够成为崭新的自己！

遗憾的是，人类缺乏耐心，我们往往更青睐可在短时间内实现的目标，因为我们可以很快就看到自己的进步，并会为此感到兴奋。这是很正常的，但这也会将我们带向失败。很多时候，我们若不彻底改变自己的生活方式，就无法在短时间内做出改变，以实现目标。你在心里告诉自己：这太难了，我不快乐，人生太短暂，应该及时行乐。所以你放弃了，而放弃本身还会让你认为自己是个半途而废的人。当你再一次准备做出改变时，你就会提醒自己：既然终将半途而废，又何必开始呢？

> **远见思维绝不会让你面临要么大获全胜要么满盘皆输的局面。将微小但积极的行动变成日常，坚持去做，你的人生一定会发生重大的变化。**

你是否有过这样的经历，想通过减少碳水化合物的摄入来快速减重，最终还是故态复萌，大吃大喝？或者，你是否有那种每年都会列出来的新年愿望，但从未实现过，比如戒烟、多读书、少喝酒？或者，每年12月31日你都发誓要重新规划自己的职业生涯，但到了次年1月31日，你又变回了老样子，从周一就开始盼着周末的到来。对大多数人来说，无论曾经计划得多么周详，刚到了1月底，执行计划的精力与动力就全没了。究其原因，短期目标会让大多数人不断遭遇失败。

人类是有惯性和惰性的生物。设定一个短期目标后立即行动恰恰会让你走向失败。当然也有例外，我相信你一定听过许多在两周内彻底改变人生的故事，但我们不能基于例外推断出趋势。其实，你只需稍做调查就能发现这些故事远比听上去要复杂。在惊人的两周巨变背后，往往是持续多年的努力，这才是他们成功的原因。这种原因虽然上不了报纸头条，也成不了派对上令人津津乐道的谈资，但这才是真相。

在大多数情况下，那些一夜成名的人都曾经历漫长的无名期，他们默默磨炼技艺，积极创造机会，最终让自己的专业技能得到了认可。

俗话说得好："当准备与机遇邂逅，运气自会到来。"

眼光放长远一点，着眼于 2 年、5 年甚至 10 年的目标，这样才有可能实现真正的改变。这种时间长度也是"甜蜜点"（Sweet Spot）①，也就是最佳长度：如果你从小事做起，并将这些小事变成你日常生活的一部分，你的幸福感就不会大幅下降。这样一来，你所采取的行动既不会打乱你的日程安排，又能积少成多，带来大的改变。这就是行为科学的一个关键观点：

> **定期完成的小事会极大地影响我们的人生走向。**

说到这里，我又想到了凯蒂、雷扬什和胡安。虽然他们面临的问题各不相同，但本质是一样的。雷扬什没有重返大学，因为他认为自己做事没有条理。其实，有条理是一项可以习得的基本技能。如果你既会煮咖啡，又能算清咖啡店的收入账目，那就一定能学会时间管理。雷扬什没有立下任何目标，这也是害怕失败的一种表现。他虽然聪明能干，却害怕离开自己的舒适区，他不相信自己能做出改变。

---

① 甜蜜点是高尔夫球专业术语，指球杆杆头用于击球的最佳落点。——编者注

凯蒂则从未问过自己想要什么。她也非常聪明能干，这一点毋庸置疑，然而，她相信了一个关于成功是什么的故事，那个故事并不适用于她，她却固执地坚信着。“如果我尝试做点别的会如何？”她想着，“我的朋友会怎么说？我的父母会怎么说？要是我还不起房贷了怎么办？”

胡安的困境源自现状偏差（status quo bias）。他的事业已经停滞不前，他却尚未花时间去找出可以帮助自己摆脱现状的可控因素。他的工作就像一条舒适的毯子，当他渴望改变时，对这种舒适的需要就会阻碍他。

如果凯蒂、雷扬什和胡安能努力克服自身的偏差，通过制订中期目标来改变自己的职业生涯，他们的故事会有何不同呢？

只需 2 年，凯蒂就能成立自己的精品营销咨询公司。为什么？因为 2 年时间足够她分清工作中的哪些任务是她喜欢的，哪些是她不喜欢的，并注册一家新公司，雇用第一批员工，开启快乐的职业生涯。

只需 7 年，雷扬什就能成为一名执业心理治疗师。如何做到？他只需认真想想自己在过往的不同工作中喜欢做的是什么，就能从中发现自己的天赋，比如出众的人际交往能力，然后重返大学，并基于这一发现，选择可让这些天赋有用武之地的课程。7 年时间足够他在做兼职咖啡师的同时完成大学学业，然后成为全职的执业心理治疗师。

只需 4 年，胡安就能清理掉自己迈向总经理之路上的重重阻碍。那些阻碍是什么呢？他为人随和，同事们就会误以为他缺乏担任高层领导的潜力。认识到他人对自己的偏差，就能有效应对。胡安可以利用这 4 年时间不断提升自己的自信与威信，并通过由他负责定期组织的碰头会，让管理层清楚地看到他的能力和价值。胡安有能力做到这一点。如果你也为自己制订了中期目标，并拥有远见思维，你的人生又会发生哪些变化呢？

实现远大目标的6种方法

当我们踏上旅途时，地图是必需的。对于你即将开启的这趟旅程，本书就是你的地图。它将帮助你制订计划，引导你找到方向，带领你完成这次长达数年的远征。

每个人的理想都是独一无二的，实现理想所需的时间自然也各不相同，但其过程在本质上是一样的。你若下定决心去提升自己的能力，习得新的技能，就会获得新的机遇。

你需要花时间找出阻碍你前进的种种障碍。有些障碍来自你自己，有些则来自他人或无心或有意的行为。这些人可能是你的同事、朋友或家人，也可能是三者的结合。你可能需要掌握新的技能，才能绕过这些障碍。

大多数人都面临着上述两种障碍。本书会利用行为科学领域的最新研究成果帮助你绕过这些障碍。

我曾运用远见思维来解决自己面临的阻碍。在这个过程中我意识到，人生中有诸多不同的重大问题需要解决，而应对它们是有一套系统的方法的。实现远大目标需要 6 种方法，你只要学会运用这 6 种方法，就极有可能实现目标。

第一，正确的自我叙事，帮你树立远大目标。你需要运用远见思维为自己树立一个远大目标。你的目标是什么？未来的你是什么样的？在树立目标时，你还需要确定实现目标所需采取的行动。这些行动就像一块块踏脚石，踩着它们，你才能跨越湖泊（或池塘，这取决于目标的大小），它们也就是你实现远大目标所需完成的小步骤。

第二，避免时间不一致性偏好，做周密的时间安排。你要认识到，人类是一种缺乏耐心的生物，我们喜欢把时间花在能带来即时满足的事情上，至于那些能促使你前进的事情，往往会在未来给你回报。行为科学工具可以帮助你优先完成这些小步骤，让你坚持既定路线，尽早实现自己的远大目标。

第三，克服认知偏差，向内审视自己。向内审视自己，了解自己存在哪些认知偏差，这一点至关重要。只有打破自己的认知偏差，才能沿着既定的路线走下去。

第四，理解他人的行为偏差，向外审视世界。向外审视这个世界，找出这类偏差，并学习如何绕开它们，这将确保你制订的周密计划不会因他人而泡汤。

第五，适当调整环境，提升工作表现与效率，这是你必须掌握的要点。无论你当前所处的工作环境如何，行为科学的见解都能帮助你对周遭环境进行微调，从而更有利于你开展工作。

第六，提升复原力（resilience），应对生活中的打击。复原力，简言之就是无论遇到什么阻碍，都不要放弃你的远大目标。这听上去很简单，但应该如何付诸实践呢？你要了解你对干扰和环境的反应会如何影响你的复原力，这便于你调整自身行为，这些小小的调整能在未来几年里给你带来巨大的回报。

这些都能帮助你改变生活，总结一下就是：

- 目标
- 时间
- 向内
- 向外
- 环境
- 复原力

上述 6 大主题构成了本书的 6 大章节，每一章都包含了行为科学的众多见解，每一条见解都能提高你实现远大目标的概率。若想实现远大目标，你需要立刻行动，将小步骤融入日常生活，坚持定期去完成。不过，己之蜜糖可能是彼之砒霜。通过练习，以及使用与你自身经验最相符的工具，最终你能找到适合自己的方法。你或许只会选做书中的部分练习，但其中的行为科学见解都值得你学习。理解并记住它们，你就可以轻松完成这趟远见思维之旅。

在运用远见思维时，你可能会发现自己有不止一个想要实现的抱负。我建议你选出最想实现的那一个，一边通读本书，一边制订实施计划，这才是最有效的做法。完成这个目标后，你再以第二重要的抱负为目标，重读本书，以此类推。尽管本书主要关注职场，但这些技巧也可以应用于生活的方方面面，帮助你实现其他目标，比如学习一门新的语言，写一本小说，跑一场马拉松，或者三者兼之。后续章节详述的那些步骤能帮助你进入新的领域，开启新的征程。

你只要掌握了这种方法，后续就可以反复使用了。这种方法有点像“刷—冲—重复”的过程，一步步清除掉阻碍着你的那些偏差和盲点。

你准备好运用远见思维，通过小步前进构建自己想要的职业生涯了吗？准备好了就出发吧！

祝你制订计划顺利！

第1章

方法1：正确的自我叙事，帮你树立远大目标

叙事塑造我们的行动

我是在爱尔兰长大的，当时的我患有严重的针头恐惧症。在我身上，抽血总是一件戏剧性的事情，例如，我曾说服一个和我长得一点也不像的朋友顶替我去打针，也曾晕针摔倒磕破头，不得不缝了好几针。我父亲总喜欢跟别人讲我的糗事——有一次，我在抽血，他则在候诊室和修女亲切闲聊，护士探出头对他说："你女儿很紧张，我给她扎针的时候，或许你应该陪着她。我看过她的病历，她之前晕针过。"

修女难以置信地看着我父亲，怒斥道："你太不负责任了！你应该一直在里面陪着她。可怜的小家伙，这种时候正需要爸爸的陪伴！"

我父亲缓缓站起身，回答道："我女儿已经 25 岁了。"

30 岁之前，针头恐惧症一直困扰着我。事后看来，这似乎很滑稽，但当时的我会冒冷汗、颤抖、恶心、晕倒，对我来说这一点都不好笑。2011 年，我刚迈入 30 岁就得知自己患上了 1 型糖尿病，这于我而言无疑是晴天霹雳，因为今后余生，我每天都需要给自己注射 5 次胰岛素。不过，考虑到我有严重的针头恐惧症，我认为自己在得知该消息时还是相当镇定的。我只是问医生，如果不注射胰岛素，我还能活多久。我并不打算注射胰岛素，在我看来，那会严重影响我的生活质量，那活着还有什么意义呢？

听了我的话后，医生非常认真且严肃地告诉我，我有可能被强制送入相关治疗机构，而且今天我必须注射胰岛素，否则不能离开医院。

如今，我已经习惯了每天注射 5 次胰岛素，大多数时候都是在公共场合，而且毫不引人注意。过去，我坚信自己对针头的恐惧是无法消除的；现在，我有关自己的叙事已经彻底改变。

> **有关自身的叙事会对我们的行为产生重大影响。**

叙事存在于生活的方方面面，包括我们的远见思维，以及我们改变职业生涯的能力。

向“进阶版自己”迈进

在制订任何一个中期计划时，你必须首先确立一个远大目标，否则就无法确定自己是否完成了计划。不过，在动笔写下你所确立的目标之前，你还需要完成一个关键步骤，即想想有没有什么思维障碍会阻碍你对梦想职业的构想。

你是否想过创建一个播客频道，却因毫无播客创建经验而放弃？你是否想过学习驾驶直升机，最终却把它与其他那些不切实际的计划一起束之高阁？你是否想过花数月时间环游世界，最后却笑自己又做白日梦？

你是否有这样的经历，明知自己想成为什么样的人，只因那样的人看似遥不可及，你就降低了自己的目标？

一旦你确立了一个最终目标，那么制订相应的实施计划就不是一件难事。本章会为你提供行为科学的一些见解，它们有助于你开启远见思维之旅，确保你能一步一步迈向“进阶版自己”（ME+）。

“进阶版自己”就是完成了中期计划、实现了远大目标的你，其职业生涯就是你运用远见思维所构想的样子。你很快就能运用远见思维，在脑海中创建出“进阶版自己”的形象了。

不过，在那之前，让我们先来啃掉“硬骨头”，找出可能会阻碍你的各种自我叙事。

回忆一下，你对自己说过哪些阻碍自己走向成功的话？

当我即将开始做一件从未做过的事情时，我总会产生畏难情绪，这会导致我迟迟无法行动。我会告诉自己，我的时间不够，无法面面俱到。在最脆弱的时候（一般是疲惫的时候），我会对自己说：你已经做得够多了，没必要接手新的任务。我不会审查一天 24 小时中有多少可用时间，因为那样会暴露一个事实，即我有大把的时间可用来了解并开始自己的新任务。我会选择放过自己，放弃这项任务。

我所说的可不是浪费时间的事，比如毫无意义的会议、没完没了的电子邮件，而是真正能够改变我的工作和生活的重大挑战。我的叙事，也就是我对自己说的话是：我现在太忙了。

面对新的挑战时，人们总会找出许多阻止自己行动的叙事。例如，你可能会说“我不够聪明”“我擅长的事情已经够多了”“我不会冒那种险”。另一类常见的叙事是：“我永远也达不到那些人的水平，又何苦自找麻烦呢？”

你告诉自己，你无法控制接下来会发生的事情，或者你告诉自己，你无法全身心投入其中，所以宁愿放弃。这种完美主义倾向会让你只愿意做那些能够完美完成的事。完美主义的叙事会让你永远无法实现目标。这类叙事会使我们待在舒适区，避免因失败而颜面尽失。走出舒适区则会让人感到焦虑和恐惧，且这样做是有风险的。这类叙事就像一张安全毯（safety blanket），将你紧紧裹住。然而，除非你的远大目标就是待在舒适区，否则你终会有不得不走出来的那一刻。

找出阻碍你的叙事

在创建“进阶版自己”的形象之前，你需要找出阻碍你的那些叙事。这听起来容易，做起来却比你想象的要难。先花点时间问自己几个问题。你遇到过前文提及的那些叙事吗？你还能想到其他与此类似的叙事吗？当你拒绝一个机会时，你所用的借口可能就反映了你的叙事。这些叙事会悄悄潜入你的脑海，变成你对自己能否应对眼前挑战的担忧或质疑。它们甚至有可能让你夜不能寐。

尽可能将阻碍着你的叙事逐字写下来，写得越详细，你就越有可能准确地识别它们，也就越有可能找出它们最初出现的原因。例如，有人邀请你去做一场公开演讲，如果你的第一反应是“我做不到”，那就问问自己为什么做不到。如果答案是你不够好，那就深入探究下去，找出自己哪里不够好。你的脑海中可能还会出现其他声音，例如，“我还没准备好”“我不是一个有说服力的演说家”“我没有那么高的知识水平”“我会紧张得喘不过气”“我会非常害怕”。把这些都写下来，它们很可能并不可信，毕竟，如果事实果真如此，你怎么会受到邀请呢？

你对自己说的这些话之所以听上去这么可信，是因为存在证实偏差（confirmation bias）。

证实偏差是一种认知偏差，它会使人们倾向于接受那些能证实自己已有观点的信息，而忽略否定这些观点的信息。换言之，如果你认为自己不够优秀，做不好公开演讲，你就会寻找证据来支持这一叙事。你只注意到自己缺乏专业知识，而忽略了自己对演讲主题的深入思考，以及贡献的创意。更糟的是，你忽视了一个事实，即对方之所以邀请你，是因为在他们眼中，你已经是相关领域的专家了！

这就是一种典型的证实偏差。我们会忽略否定性的证据，寻找能支持我们已有观点的“证据”。同理，如果你认为自己在工作中已经做得足够好，事业理应更上一层楼，现在之所以停滞不前，都是别人的错，那么你就会去寻找能支持这一观点的证据。你会关注自己在周例会上的表现，而忽

> 略周二你主动放弃的与管理层交流的机会。如果你坚称自己没有时间去拓展业务，那你就只会感觉到自己被现有的工作压得喘不过气，忽视你将大把时间花在社交媒体上或用来看电视的事实。更有甚者，你每天所做的工作可能毫无意义，它们并不能增加你的价值。

如果你想做出改变，就得找出你所构建的关于自己的虚假叙事，并采取行动改变它们。

在表 1-1 第一栏简要写出你认为正在阻碍着你的叙事，第二栏留给有助于你改变它们的小步骤，阅读了后文再填写。

表 1-1　阻碍你的叙事及改变方法

叙　事	改　变

叙事的原理

大概没有人会让你反思自己的叙事是否正在阻碍自己，毕竟若是有人指出这一点，你早就意识到了问题所在。好吧，也不一定。这些叙事是你无意识创建的，心理学与个人发展领域已经认识到了这类叙事的强大影响力，并提出了许多非常有说服力的观点。接下来让我们快速了解一些与叙事相关的重要研究成果。

认知行为疗法（cognitive behavioural therapy，简称 CBT）是一种治疗焦虑和抑郁的手段，其在世界范围内得到了广泛应用。从本质上说，这种谈话疗法（talk therapy）关注的是患者的想法、信念和态度如何影响其情感和行为。消极的思维模式可能源于童年经历。例如，如果小时候父母对你的关注不够，你成年后遇到挫折时就有可能自动将其归因于“我不够好”。其实，人生总有“失败”的时刻，可能是失去一名客户，可能是未能升职，也可能是项目失败。这类叙事可能会让你很沮丧，致使你再也不想经历类似的事情，永远待在自己的舒适区。认知行为疗法会迫使你质疑自己对情况的解读。从本质上说，它帮助你改变你的叙事，让你认识真正的自己。

卡罗尔·德韦克（Carol Dweck）写了一本富有见地的书——《终身成长》（*Mindset*），书中提出一个理论，认为人有两种类型。第一类是具有固定型思维模式（fixed mindset）的人，这类人认为自己的能力是天生的，无法改变。你可能会从他们口中听到“我就是对数字不敏感”，或者“我不敢公开演讲”。这类人厌恶失败，会规避可能失败的情况。如果被迫参与自认为不擅长的活动，他们就会以固定型思维模式来看待这件事。公开演讲时磕巴了？这就是他们不适合站上演讲台的证据。下次再有人请他们演讲，他们就会拒绝。具有固定型思维模式的人深受证实偏差的影响。

第二类是具有成长型思维模式（growth mindset）的人，这类人相信自己任何时候都可以习得新技能。他们在挑战中不断成长，将失败视为学习的机会。他们相信，只要努力，一切皆有可能。因此，这类人乐于改变他们的叙事，以开放的心态看待自己获得必要技能，成为未来的领袖、创新者或专家的可能性。众所周知，只要下定决心并付诸行动，任何人都能习得新技能。所有人都应该提醒自己记住这一点，努力将自己培养为具有成长型思维模式的人。

控制点（locus of control）是另一个影响深远的心理学理论。它反映的是一个人自认为对于会影响自己的生活或职业发展路径的事件的掌控程度。如果一个人相信自己能够控制所发生的事件，我们就称他拥有内控点。如果一个人认为自己无法控制所发生的事件，我们就称他拥有外控点。在拥有外控点的人看来，无论发生什么，他们自身都是没有过错的，也不会从失败中汲取教训。生意失败是因为经济环境不好，失去客户是因为客户不可理喻，著作被拒也不是著作本身的问题，所以无须修改。

拥有内控点的人恰恰与之相反，他们会承担责任，会寻找机会。无论最终结果如何，他们都会说："这是我的责任！"拥有内控点的人不相信运气，只相信天赋和努力，并声称"运气是自己创造的"。试想一下，这对那些在职场中频繁遭遇意外挫折的人来说意味着什么，比如那些因经济衰退而失业的人。总有一些能力出众的人会遭遇裁员，当拥有内控点的人被裁，他们会将这种坏运气归因于自己，这会不断削弱他们的幸福感。

在《叙事改变人生》（*Happy Ever After*）一书中，保罗·多兰（Paul Dolan）强调了叙事的力量，并展现了我们的叙事是如何在日常生活中给我们造成切实伤害的，比如破坏我们的婚姻，阻碍我们追求幸福，让我们的收入停滞不前。多兰认为，我们沉溺于做别人期望我们做的事。我们在不知不觉中接受了这些期望，形成了一种我们在生活中"应该做什么"的叙事，但该叙事未必能使我们快乐。事实上，无论这种叙事是否适合我们，它都已经成为我们的一部分。

所有这些心理学理论都强调了关注个人叙事的重要性。你对不同生活领域的叙事可能有所不同，有积极的，也有消极的。“我不配”的叙事可能会让你陷入一段糟糕的关系。“我永远无法像那些人那样优秀”的叙事，则可能会让你无法下定决心学习马伽术（Krav Maga）[①]，转而沉迷于观看《绝命毒师》（*Breaking Bad*）。

> **有些叙事是极为有害的，但你往往意识不到，因为它们已经成为你自我认知的一部分。**

虽然消极的叙事有害无益，但你随时可以做出改变，改变的第一步就是意识到它们的存在。

改变你的叙事

我是在生死攸关之际才决定将治疗自己的 1 型糖尿病作为优先事项，并开始注射胰岛素的，那时的我已经没有选择的余地。在我们身边，每天都有人为了实现自己的目标而主动改变做事的方式（过程），从而改变自己的叙事。吸烟者开始用电子烟（过程）代替香烟，从而戒掉香烟（目标）。社交媒体成瘾者一回家就把手机放在玄关柜上（过程），以便把更多的时间用于陪伴家人（目标）。只有专注于过程，才能实现目标。渐渐地，你的叙事就会变成“我不吸烟”或“我会留出时间陪伴家人”。

---

① 马伽术是一种以色列近身格斗术。——译者注

即使你无法准确找出阻碍你迈向“进阶版自己”的叙事也没关系，只要能找到可以帮助你实现目标的过程，你仍然能创造一个新的叙事。你每次参与这个过程，都会改变你的叙事。终有一天，你自己的故事中会出现一个全新的人物。这个故事你会继续往下写，而人物一旦设定好，你的工作量就会大大减少，因为你已经知道他在特定情况下会怎么做。虽然要改变不适合你的个人叙事可能并不容易，但为之努力是值得的。

请试着回忆一下你改变个人叙事的时刻。是什么过程促成了这一改变？如果你曾深陷感情困境，你是如何摆脱的？你是精心准备了一场约会，还是去做了情感咨询，抑或是找到了与爱人的共同爱好？如果你从不会下国际象棋变成个中高手，你是怎么做到的？你是去国际象棋俱乐部参加了每周一次的训练，还是进行了线上练习？如果你在成年后掌握了一门新语言，你是怎么做到的？你是报了学习班，还是利用应用程序自学的？这些都是催生新叙事的过程。如果你经常参与其中，终有一天，你会发现自己的叙事变了。

下文给出了一些消极叙事的例子，以及可用于改变它们的过程。回顾你在表 1-1 中写下的叙事，找出阻碍你迈向“进阶版自己”的那个叙事，接着思考什么样的过程能帮助你摆脱这一消极叙事，并将该过程填入“改变”那一栏。参与这一过程能够催生什么样的新叙事呢？[1]

在参与该过程时，你必须每周抽出一些时间（比如周日晚上）来回顾这一周的情况，并为下一周制订计划。

1. 叙事：我每天都吃垃圾食品。

改变过程：有意识地在每周日晚上准备好接下来一周的午

餐，并放在冰箱里。

新叙事：我是一个注重饮食健康的人，一日三餐都会尽可能保证食物的多样性，以保持营养的均衡。现在的我远比以前精力充沛，精神不振的情况也大大减少。

2. 叙事：我做事没效率。例如上周，我每天都效率低下，待办事项清单总是让我不堪重负。

改变过程：只在下午 3 点到 5 点之间处理电子邮件和上网。

新叙事：我的工作效率很高。每天上午我都会避免一切干扰，所以做事效率更高了，每天下午也能准时打卡下班了。

3. 叙事：我不够好，周围的同事都做得比我好，他们完成任务的速度总是比我快。

改变过程：以自己为基准衡量自己的进步，不要把时间花在与他人比较上。每周都在日记中记录自己所取得的进步与成就。

新叙事：我在不断进步，我为这样的自己感到骄傲。我的自尊心增强了，工作也更快乐了。

需要注意的是，上述例子中的改变过程从不依赖于他人，这是选择过程的必要条件。反复参与这一过程可以催生新的叙事，并以此取代旧的消极叙事。

重新思考你的长处与短处

你是否听说过，男生天生更擅长数学，而女生的语言天赋更高？这些说法其实都只是基于假想的人。可悲的是，大多数孩子都知道这些刻板印象，并最终主动接受了它们，例如，小珍妮知道身边的人都认为她学不好数学，而她也像人们预期的那样总是考不好。这种刻板印象会让女生在面对数学时产生畏难情绪，也会让男生在学习语言技能时焦头烂额。[2] 这是一个“自我实现预言”。

“自我实现预言”通常会带来糟糕的结果。一旦我相信了一些关于我的说法，这些说法就会变成我的个人叙事，个人叙事会极大地影响我的决策。如果我告诉自己，我不擅长数学，那么每次上数学课时我都会带着消极的心态，学习的过程也会变得更艰难、更漫长。如果我告诉自己，我热爱数学，我是一个天赋卓绝的数学家，那我学数学的过程就不会那么痛苦了。

2015 年，我认识了珍妮弗，彼时她刚刚放弃开发一款新的健身应用程序。她拥有开展这一新业务所需的所有要素——优秀的团队、可靠的商业计划和了不起的产品，但她认为自己的人际交往能力很差，不擅长推销自己和产品。在这一自我认知的影响下，她第一次见投资人时非常紧张，说错了话，没能争取到对方的信任，也就没能得到资金支持。

珍妮弗默默地吞下了苦果。她在心里狠狠骂了自己一顿，给自己贴上了失败者的标签。当她第二次尝试时，同样的事情再次发生。第三次、第四次、第五次，她都以失败告终。珍妮弗给自己讲了一个关于她的长处与短处的故事，这个故事变成了“自我实现预言”。当然，“自我实现预言”并不一定都会带来糟糕的结果。

与其把你的长处与短处看作固定不变的特征，不如把它们看作你的行为的结果，这样才有助于你达成目标。你应该把长处与短处看作你所参与的过程的结果。

很多人认为自己的长处与短处是与生俱来的。虽然人类确实有许多重要特征甚至命运受遗传影响，但并不包括我们一生中最宝贵的三样东西：健康、快乐和智力。你是否认为这些东西也是在你出生时就注定的？你是否认为这些都是基因决定的？万幸的是，答案是否定的。

研究人员常会通过研究双胞胎来探究基因是否是特定结果的决定因素。他们会分析在同一家庭长大的同卵双胞胎和异卵双胞胎的人生。这些研究利用了同卵双胞胎基因完全相同、异卵双胞胎只有 50% 的基因相同的特点，因此，在这些双胞胎身上观察到的相似的特征都被归结为受基因影响，而非受后天环境影响。

在基因对人类的快乐与智力的影响方面，这些研究又得出了哪些结论呢？据研究人员估计，基因对智力的影响占比在 20% 到 60% 之间。[3] 如此一来，剩余的 40% 到 80% 就取决于你深思熟虑后所采取的行动，以及你日常所处的环境。

也许你不太在乎智力，只想要快乐？研究表明，人们有 50% 的快乐取决于基因以外的因素。[4] 你每天做的那些小事真的会影响你的幸福感。

从这一有关遗传学和遗传率的讨论中，你能学到什么呢？

> **你可以改变自己的命运。**

“不错”与“很棒”之间存在很大的差距，那么，迈向“很棒”的起点是什么呢？改变与特定叙事相关联的行为。与其给自己贴上“没效率”的标签，不如迈出一小步（过程），做思想与行动的巨人。你要如何成为一名登山者？你登山的次数足够多就会被贴上这个标签。你要如何成为一名演说家？你就自己擅长的话题发表公众演讲的次数足够多就可以自称演说家了。

请记住，要始终看重过程而非结果，因为只有过程是你可以牢牢掌控的。

行为科学见解

改变对你不利的叙事很难，但为之努力是值得的。这里必须澄清一点，我并不是要你改变真实的自己，而是让你正视真正的自己。我并不是要让内向的人变成外向的人，也不是要让逃避竞争的人主动参与竞争。我只是希望你摆脱思维枷锁，想象出"进阶版自己"。一旦知道了"进阶版自己"是什么样子，你就可以列出变成那个自己所需的技能，并意识到你脑海中那个只会否定你的人只是一个建构出的叙事，当它念叨着你无法战胜挑战时，你应该让它闭嘴。

为了帮助你掌握远见思维，并为"进阶版自己"确定一个远大目标，下文从行为科学的角度给出了 10 条见解，你需要按顺序逐一认真研读它们。这样做有什么好处？这有助于你制订一个完整的中期计划，并许下定期完成所需参与的活动的承诺。这些例行活动就是你将采取的小步骤，它们能确保你实现"进阶版自己"这一远大目标。

你准备好了吗？

见解 1:“进阶版自己”每天都做些什么

无论处于人生的哪个阶段，我们都可以拥有远见思维。我由衷地希望你能认真阅读本书，这本书构思于 2017 年 11 月，那时的我刚刚离开重症监护室。在此之前，我的血糖一直控制得很好，但在 2017 年年底，由于我的疏忽大意，我患上了糖尿病酮症酸中毒。如果 1 型糖尿病患者没有控制好自己的血糖，就会出现这一危及生命的情况。那次我是真的吓坏了，出院时，医生严厉要求我重视对自身慢性疾病的管理，我谨遵医嘱，当天就制订了一份健康管理计划。如你所料，这份计划是由众多小步骤构成的，它们能帮助我大大改善自己的健康状况。此外，我还计划写一本书，通过它将自己总结的行为科学方面的经验分享给更多的人，而不仅仅是我在伦敦政治经济学院的学生。该计划列出了我为实现这一雄心壮志而需要参与的活动。这些活动都进入了我的日程表，变成了我每天要完成的事情。

对当时的我来说，“进阶版自己”的目标是写一本书。确立了这一远大目标后，我才能清楚地知道自己需要采取哪些小步骤。无论你走到了人生的哪个阶段，只要你把关注点放在“进阶版自己”的未来上，就能发现未来几年里那些看似遥不可及的机会，而且当你抓住这些机会时，等待你的将不再是或大获全胜或满盘皆输的结局。

你该如何开始呢？你要运用远见思维，想象出“进阶版自己”。

你必须先设定一个可以通过努力来实现的远大目标。例如，如果你想成为一名职业橄榄球运动员，但又不积极参加训练，而且年近四十，那这就不是目标，而是幻想。这个行业完全不需要这个年龄又缺乏经验的橄榄球运动员。如果你想成为商业领袖，但年近四十，又没有商业头脑，那你变成这一“进阶版自己”的希望也极其渺茫。在这个例子中，你的主要问题是经验没有其他竞争者丰富，管理层职位又非常有限。不过，如果你虽然年近四十，但距离中层管理岗位只差一步，那么你可以将成为中层管理者定为你的“进阶版自己”，并在三五年内冲向这个目标。

先想一想你与未来的自己之间的差距，再思考你真正希望拥有的谋生手段。不要把注意力放在你想过什么样的生活上，运用远见思维来思考去哪里度假或者去哪家餐厅用餐是没有意义的。你要把注意力放在你想要参与的活动上，这些活动将来可以让你过上你想要的生活。在理想状态下，你只要想到自己即将参与这些活动就会充满激情。例如，你每天早上一想到要起床就会很振奋。现代人每周的工作时间越来越长，退休越来越晚，许多人大部分的时间不是在工作就是在思考与工作有关的事情。在这种情况下，你自然会想从事自己喜欢的工作。你的远见思维需要反映出这一点。

当你做自己喜欢的事情时，你所付出的努力是有回报的，你还有可能发现绝妙的创意。这样的工作不但不会耗尽你的精力，反而有可能给你的生活增加乐趣。

如果你想为自己的远见思维之旅制订一份既利于坚持，又能提升生活品质的计划，那就要抛开只想拿高薪的想法，转而找出能够让自己乐在其中（至少在大多数时候）的活动，这一点是十分必要的。所有人都希望少劳多得。（不过，英国人会认为直接说出这句话是很没有教养的。）目前并没有可靠证据表明，在你有了相对不错的收入后，收入还能提升你的幸福感。这里所说的相对不错的收入是指既能买到生活必需品，又有余裕用于享受生活。如果你只关心钱，你就不会找到自己喜欢做的事情，也会错失以此谋生的机会。

> **从你真正想做之事的角度思考，你就可以找出迈向“进阶版自己”所需的那些小步骤。**

通过思考过程，你将获得强烈的自我意识，知道自己应该把精力放在哪些事情上。最重要的是，你将主动创造一个新的叙事：“进阶版自己”最终的样子掌握在你自己手中。你迈向“进阶版自己”所需的小步骤将会成为你日常生活的一部分，它们都是过程，这些过程会融入你的个人叙事。

假设几年后的你已经成为“进阶版自己”，现在，我希望你想象一下那个“你”在工作日的早上是什么样的。你可能正在穿衣打扮，你的工作地点可能是帕洛阿尔托（Polo Alto），也可能是伦敦金融城。你也可能正要开始居家办公，或者正坐在当地的一家咖啡馆里。你可能穿着短裤，可能身着西装，也可能永远一身舒服的睡衣。当你正式开始工作时，你的工作内容是什么呢？

现在是时候决定“进阶版自己”的工作内容了。你想指导、培养他人吗？你想当公司资源分配的决策者吗？你想销售什么东西吗，比如你自己的发明或者咨询服务？你想以写作为生吗？你想照料他人吗？

现在先花点时间填写表 1–2。如果你已经知道自己想做什么，那这对你来说就非常简单。下表针对两类人提出了不同的问题，一类是计划从事老本行，但想取得突破的人，另一类是想从事新职业的人，比如自由职业、创业或换一份全新的工作。

表 1-2 “进阶版自己”的工作内容

将下列句子补充完整：				
我运用远见思维确立的“进阶版自己”的总体目标是：				
“进阶版自己”的职位是：				
“进阶版自己”从事的行业是：				
“进阶版自己”就职的公司是（如果你打算创业，也请填写在此栏）：				
“进阶版自己”管理（或就职）的公司的特征是：				
从下列陈述中择其一填写完成：				
“进阶版自己”与现在的我角色类似，但职责增加了，包括：				
1.	2.	3.	4.	5.
“进阶版自己”拥有全新的职业，其职责包括：				
1.	2.	3.	4.	5.

如果你不确定“进阶版自己”会做些什么，那就先集中精力从表 1-3 中找出你喜欢参与的活动。圈出那些你愿意当作带薪工作去做的事，划掉那些无法激起你兴趣的事，剩下的事就介于两者之间，让你做，你不会心生抱怨，不让你做，你也不会感到沮丧。

如果你还不清楚自己想做什么，也别着急，先找出两三个你喜欢参与的活动。你可以采用类似网格搜索的方法，先设法确定一个大类，然后经常参与这一类活动，在参与的过程中评估自己的体验感，从而确定自己的兴趣所在。通过重复这一过程，你可以深入了解自己喜欢做什么，以及各项活动能够为你提供的机会。

表 1–3 “进阶版自己”可以参与的活动

“进阶版自己”将参与下列活动： （从本质上说，这些都是帮助你实现目标的过程）				
监督他人或项目，并为这些人或项目分配资金	参与研究	监控过程	（以管理者的身份）支持他人的工作	改变他人的思维方式
为他人提供咨询和建议	指导、培养他人	管理他人	配备组织人员	确保组织或单位保持社会责任感
项目规划	创造、设计新产品或新服务	制定政策	参与体力活动	处理、搬运物品
评价产品或服务的质量	解决问题	评估他人的创意	更新、运用相关知识	评估风险与收益
写作	制定战略决策	创造性地思考	管理公司的日常活动	制订总体目标和战略
分析或评估数据或信息	创作并销售艺术品	安排工作与活动	为自己或他人安排工作，并确定相应的优先级	确保……符合法律或其他标准的规定
使用计算机	记录信息并归档	为他人解读信息	与同事沟通	与公司以外的人沟通
建立人际关系	帮助、照料他人	销售	影响他人	化解冲突，与人谈判
为公众表演	协调他人的工作与活动	直接与公众打交道	开发、打造团队	培训、指导他人

表格最后一行是空白的，你可以补充更具体的活动。这对清楚“进阶版自己”会做些什么的人最有用，他们可以把表格中自己所喜欢的非常宽

泛的活动具体化。

例如，你可以将“制定战略决策”和“解决问题”细化为“决定制药公司的资本结构，并提供解决方案，以确定公司在经济动荡时期应维持的债务股本比”，将“协调他人的工作与活动”细化为“协调他人的工作与活动，确保按时将我们公司生产的犬用沐浴露送到客户手上，让客户对我们的服务感到满意”，将“为公众表演”细化为“参演最新的百老汇音乐剧，练习我在剧中的台词”，将“帮助、照料他人”细化为“将我负责照料的孩子带去公园散步，让他们感受大自然”。其他的以此类推即可。

见解 2:“进阶版自己”应该拥有哪些技能

决定写一本书，将行为科学的见解分享给更多的人是一码事，真正完成这个目标则是另一码事。若想出版自己的著作，你必须获得代理商和出版商的支持，面对诸多竞争者，此事极为不易。2017 年 12 月，我突然意识到一个严重的问题，即我尚未掌握写作技巧，短时间内无法实现作家梦。那时的我对行为科学研究的细节和学术写作的风格可以说非常熟悉，但我并不知道如何呈现那些重要信息才能吸引像你一样的普通读者，让你们愿意在上下班途中、在宝贵的假期里、在晚上睡觉之前阅读它们。这种写作风格是我尚未掌握的，也是我必须学习和钻研的。

> **阻止你去做想做之事的到底是什么？要想成为公认的专家，你还需要掌握哪些新技能？**

现在是时候确认“进阶版自己”所需的技能了，只有知道需要什么技能，才能明确自己的不足，并努力去弥补。表 1–4 列出了一些能帮到你的常见技能。你会发现表 1–3 所列出的活动与表 1–4 所列出的技能有相似之处，这是因为参与活动（比如参与谈判）就是在磨炼技能（让你能最终成为谈判专家），那些活动就是你所采取的小步骤。

你能从表 1–4 中挑出“进阶版自己”所需的技能吗？圈出那些你未来必须具备的技能，至少 3 种，最多 5 种。在通往“进阶版自己”的过程中，你将通过各种小步骤来培养自己所欠缺的技能。这些小步骤包括你在前面确认的那些活动，这些技能则是你将取得的成果。

表 1–4　“进阶版自己”将拥有的技能

“进阶版自己”将擅长：				
主动学习	主动倾听	解决复杂问题	批判性思维	维护设备
教导他人	判断和决策	制订学习策略	管理资金资源	管理物质资源
管理人力资源	数学	监控人员	监控过程	谈判
说服他人	编程	统计建模	质量控制分析	阅读理解
系统分析	技术设计	系统评估	销售	时间管理
故障排除	写作	积极倾听	制定政策	公开演讲
激励团队	解决问题	核对信息	安抚他人	表达意见
适应新环境	创新	沟通	横向思维	指导
我计划成为以下领域的专家：				

我在表格末尾留有空白，供已经知道自己所需技能的人填写。技能描述得越详细，你通往“进阶版自己”的道路就会越顺畅。因此，你在空白行写下的内容要尽可能精确。

如果你很难确定自己需要什么技能，可以先确定你希望“进阶版自己”从事什么样的工作，再找到相应的职业偶像。例如，你可以寻找三个从事你的理想工作且看似非常可信的人，了解他们在工作中会用到什么技能。如果你可以联系到他们，那就直接询问对方他们认为最有用的技能是什么。如果你无法联系到对方，可以阅读讲述他们成功背后的故事的书籍，也可以上网搜索他们的个人资料和相关的视频，从中了解他们拥有的技能。

见解 3：获得“进阶版自己”所需的技能

罗马不是一天建成的，因此，我决定在 2018 年阅读 100 本左右以像你这样的普通读者为目标受众的书。我会带着目的去阅读，记下每本书中令我喜欢和不喜欢的内容，也会关注读者对这些书的评价，无论好坏。我把自己读过的所有书都堆放在伦敦政治经济学院我的办公室里，以防有一天我需要将它们重新翻找出来，阅读其中的内容或我在空白处做的笔记。

我参加过写作课程、创意课程和公共活动，在这些活动中，刚刚出版了流行非虚构类作品的作家们会介绍自己的书以及个人经历。其中最可怕的是什么？是社交！我之所以认为社交最可怕，是因为我不是一个天生的社交达人，一般不喜欢和陌生人聊天。其实，我是个非常内向的人。

我知道撰写本书需要哪些技能，我在2018年经常阅读、学习和社交，正是为了培养这些技能。你会定期参与什么活动来培养“进阶版自己”所需的技能呢？

行为科学领域的众多研究表明，如果你想引发某种行动，就必须了解显著性并加以利用。显著性是指让某事物变得格外显眼或突出。

目前，你已经确定了所需培养的技能，下一步就是努力让它们在忙忙碌碌的日常生活中突显出来。具体该怎么做呢？我的建议是把它们写到便利贴上，贴在你每天都能看到的地方。你需要围绕这些技能调整你的日常生活，并时刻关注它们。

接下来，你需要将表 1-3 中的活动变成你每周的例行活动。定期从事这些活动，才能将它们融入你的叙事，从而磨炼你所需的技能。

诺贝尔经济学奖得主丹尼尔·卡尼曼（Daniel Kahneman）① 认为人的大脑存在两种系统，即系统 1 和系统 2。[5] 系统 1 是大脑做出的自动反应，它的速度非常快，因此又可称为快速大脑。你撞到脚趾时忍不住大声咒骂就是源自快速大脑的驱动。周六早上你开车出门，结果不是去公园，而是下意识地开往公司，这也是源于快速大脑，是你的大脑在“自动驾驶”。当我们非常疲惫时，快速大脑依然能帮助我们缓慢完成工作中那些熟悉的任务。习惯或惯例也是我们能不假思索地去完成的事。这些都是我们下意识的行为，甚至有些机械化了。

相较于系统 1，系统 2 更慢、更谨慎。你就是依靠它来

① 丹尼尔·卡尼曼是著名的心理学家、行为经济学之父。他的著作《噪声》分析了人类判断的缺陷，该书中文简体字版已由湛庐引进，由浙江教育出版社于 2021 年出版。——编者注

解决棘手的数学问题。慢速大脑能帮助我们弄清楚抵押贷款合同的条款及细则。它负责复杂的思考，只在需要深入思考时才会派上用场。动用慢速大脑是很耗费精力的，这意味着我们的很多行动都来自快速大脑的决策。

你可以将参与活动（小步骤）变成你日常生活的一部分，从而改变你的职业发展路径。将特定的、不断重复的活动加入日程表，是在重设你的快速大脑，也就是重设你的系统 1。这一过程是在训练你的快速大脑，让它将你视为一个截然不同的人，一个拥有一系列新习惯的人。最终，参与这些活动会成为你生命的一部分。

来看看杰尔姆的例子。他在 24 岁时决定辞去银行业分析师的工作，转行做程序员，编写网络游戏。在这件事中，杰尔姆最厉害的地方是非常清楚自己想做什么。当然，问题也是存在的，那就是他从未学过计算机科学，没有写过一行代码，也没有钱去攻读与此相关的大学学位。

杰尔姆并未知难而退，他选择修读线上的编程课程。在接下来的 2 年里，他利用免费的线上资源自学了 JavaScript 编程和 Python 编程。每个工作日的晚上，他都会在饭后慢跑大约 3.2 千米，然后在 8 点到 10 点之间自学编程，日复一日，雷打不动。这就是他迈向“进阶版自己”的过程。万事开头难，学习新技能也不例外，在他的努力下，这很快就成了他的新常态。虽然他的目标尚未达成，他还未获得梦寐以求的工作，但他已经成为一个自由职业者，为各种各样的客户编写程序。在这个过程中，他既可以积累经验，也能接触到那些将来可以为他推荐工作和写推荐信的人。最重要的是，他比做银行业分析师时开心多了。

你该如何培养“进阶版自己”所需的技能呢？很简单，定期参与一项或多项活动，可以是你在表 1–3 中圈出或写下的活动，也可以是我们很快会探讨的其他活动。你选择的活动必须是你有金钱和时间去做，而且可以在每天或每周的固定时间完成的。参与这些活动应该成为你日常生活的一部分，也应该对你有足够的挑战性，既能让你走出舒适区，又不至于让你不堪重负。它们应该是你踮起脚尖才能够到的，所以你需要全力以赴。[6]

总的来说，我推荐你选择以下三类活动：

1. 工作中。在现有的工作中寻找拓展人脉、参加培训的机会。
2. 走出去。跳出现有的圈子，结识其他领域的人。
3. 持续学习。每周抽出时间来学习，以提升你现有的技能。

见解 4：在工作中磨炼“进阶版自己”的技能

大学关注的是传统同行评议学术写作的质量而非数量，并以为学生提供优质教育为使命。学校经常组织内部培训，但在 2018 年时，那些培训无一有益于提升我撰写本书所需的技能，至少短时间内看不出来。

伦敦政治经济学院会定期组织一系列免费的公共活动，如果你在伦敦，我建议你去参加这些活动；如果你不在伦敦，可以收听他们的播客。有时，如果我足够执着，还能接触到活动中的一些演讲者。越来越多的知名学者开始写书，尝试通过写作将自己所掌握的知识传播出去。当他们参与伦敦政治经济学院组织的公共活动并站上讲台时，其中一些人已经走完我刚踏上的旅程。这一小部分人肯定有可供分享的金玉良言吧？

无论你的日常工作是什么，你都应该抽出一点时间认真思考工作中是否存在能推动你前进的机会。你或许会像我一样，要仔细留意才能发现近在眼前的机会。举个例子，如果你就职于一家大公司，那很可能有机会参加内部培训。如果这些内部培训像根管治疗一样令人难以忍受，像巧克力熔化炉一样毫无用处，你也不要失去信心，可以主动向人力资源部或上级领导提出建议，让公司组织能培养你所需技能的课程。

如果你想追求的东西与当前的工作相去甚远，你也可以试着与公司的相关人员沟通。越来越多的企业允许员工参加与其工作没有直接关联的拓展课程。你也可以向公司申请经费，用于参加外部培训（见后文的见解 6）。中小型企业常会预留一部分资金，用于支持员工提升自己的技能，即便你不曾听说自己就职的公司有此政策，也值得为之一问。如果你是一名自由职业者、一家公司的主管或一个想要扩大公司规模的创业者，也可以将参加或组织培训课程列入待办清单，而且它的成本并不高。

你目前的工作或许能给你提供许多机会，让你接触到那些从事你感兴趣的工作的人，他们可能是你的同事、客户或工作以外的人。你应该与这些人建立联系，原因有二：一、他们能为你的计划提供宝贵建议；二、他们也许能为你提供实现“进阶版自己”的宝贵机会，或让你知道哪里有这样的机会。

如果你不擅长群体社交（我就是这样的人），那就努力通过一对一的方式结识更多的人。你可以约对方喝咖啡、吃午餐或小酌一杯。如果有人拥有你所需的技能，无论对方的经验丰富与否，你都应该设法与对方建立联系。不要只关注那些职位比你高的人，要在所有同事中寻找与“进阶版自己”有相似之处的人，设法理解他们正在做的事，以及他们这么做的原因和做事的方式。

你首先要做的就是找出能与你分享经验或为你提供建议，帮助你培养“进阶版自己”所需技能的同事或客户，然后主动联系他们。一般来说，我们不喜欢向他人寻求帮助，因为害怕被拒绝，甚至被嘲笑，我会在后文中介绍“保全颜面效应”（saving face effect）。我们对可能被拒绝的厌恶来自两方面：一是我们不确定对方是否会同意，二是我们高估了对方拒绝的概率。[7] 因此，阻止我们开口求助的并不是真正被拒绝后的痛苦，而是我们想象中被拒绝后的痛苦。不要害怕，其实我们得到肯定回复的可能性是很大的。我们只是倾向于低估自己得到肯定回复的可能性。最近的一项研究有力地证明了这一点，该研究调查了 1.4 万人，发现他们更倾向于同意他人的请求，而非拒绝。[8] 一般来说，我们很少在需要帮助的时候向他人提出请求。

我们还会高估别人在需要帮助时向我们求助的可能性。瓦妮莎·伯恩斯（Vanessa Bohns）和弗朗西斯·弗林（Francis Flynn）在 2010 年做过一项研究，请一所大学里职级相同的顾问和助教预测下学期向他们求助的学生人数。研究结果显示，顾问的预测值比实际求助人数高出了 30% 左右！

你可以做一个有趣的实验：在向他人求助前，你先写下自己预估的结果，在完成 10 次左右的求助后，将实际结果与预估结果进行比较，从而快速确定你是否低估了自己获得他人帮助的能力，以及低估的程度。

现在，你为了实现“进阶版自己”决定开口求助，那么你该如何提升成功获得帮助的概率呢？一般来说，若想得到肯定回复，那就面对面地提出请求。[9]

行为科学小贴士：当你需要帮助时，最好当面提出来，这样对方一般不会拒绝你。为什么？因为我们都不喜欢面对尴尬的场面，你的求助对象也不例外。他们很可能也担心拒绝你会让你觉得他们对你有意见。[10] 当面开口比发电子邮件更好，虽然前者的时间成本更高，但成功的概率也会增加。[11]

行为科学研究还表明，一个人只要帮了别人一次，就有可能帮第二次。行为科学中有一个富兰克林效应（Ben Franklin effect），该效应指的是，比起帮助过自己的人，人们更愿意帮助自己曾经帮助过的人。为什么呢？因为我们喜欢保持一致性。对于同一个人，如果我们在对方第一次求助时认为此人值得帮助（即同意了对方的请求），那么在他第二次求助时，我们自然也会这么认为，这很符合逻辑，当然，前提是他不能忘恩负义。

有意思的是，如果对方在我们第一次求助时选择了拒绝，那我们再次向他求助的成功率就会增加，尤其是面对面求助时。对方若一再拒绝，会被视为不愿与他人合作，从而陷入极其尴尬的境地。

> **向别人求助时，你所用的陈述框架极为重要。**

我们应该明确地告诉对方，这是互惠互利的事，或者至少对他们有利无害。其实我更愿意这么说：这事的好处显而易见。你提出的请求不应占用同事们过多的时间和精力。这听起来非常简单，做起来却很难。很多人会通过电子邮件的方式向别人寻求帮助，丝毫不考虑这会占用别人多少时间。这样的请求很容易被忽视，更别说以电子邮件的形式。

事实一再证明，请求的框架化至关重要，[12] 你所用的陈述框架一定要突显出对方帮助你所能获得的好处。此外，你还要站在对方的角度思考问题，尽可能让对方无法拒绝你的请求。如果你不得不通过电子邮件约对方见面，记得提供几个见面时间供对方选择，这样对方就能快速做出决定，不用将时间浪费在与你讨论这个问题上。更糟的情况是，对方觉得通过电子邮件与你沟通太浪费时间，干脆就不回复了。最后一点，电子邮件一定要简短，没人想看长篇大论。

总的来说，你应该制订这样一个目标：在工作中，每个月联系一个之前没有接触过的人。这是我们大多数人都可以轻松做到的事情，也是你可以立刻做出的承诺！现在，请在下面的横线上写下未来 3 个月你想联系的人。

在接下来的 3 个月里，我将联系：

1）____

2）____

3）____

见解 5：走出去磨炼“进阶版自己”的技能

我是在 2018 年决定参与伦敦政治经济学院举办的公共活动的，巧合的是，这个决定让我能经常见到为普通读者写书的人，得到了一些如何撰写本书的可靠建议。对我来说，最冒险的时刻还是当我真正走出去，把我的写作计划发给代理商的时候，对方有可能向出版商推荐我的作品，也有可能立刻就把我拒绝了。

你应该认识一些什么样的人呢？有些人可能像我一样，需要认识一些能提出中肯的建议，指引自己走向“进阶版自己”的人。不过你要明白，让别人知道你具备特定的技能或能力是你自己的事情，没有人能替你做或愿意替你做。这不应该成为别人的责任。即便你打算留在现在的公司，走出去，结识工作以外的新朋友也会带来很多好处。如果你打算创业、从事零工工作、转行或跳槽，那么走出去向别人展示你的价值就很有必要了。

> **认识现有圈子以外的人能大大加快你迈向“进阶版自己”的速度。**

认识新朋友的方式多种多样，可以是线下的，也可以是线上的。2020年开始的新型冠状病毒肺炎疫情给我们上了很重要的一课，教会了我们利用现有的科技手段构建人与人之间的虚拟沟通桥梁。

数十年的经济学研究表明，更大的社交圈可以创造出更多、更好的职业发展机会。[13] 如果你是一位企业家，更大的社交圈可以帮助你更快地找到客户，网罗能助力企业发展的人才。无论你是需要策划一次营销活动，开发应用程序，还是证明自己的产品确实有效，你都可以利用自己的社交圈找到合适的人选。如果你是零工经济从业者，正在寻找客户，那么更大的社交圈有助于让客户自己找到你，这样你就能专注于自己的核心业务：完成项目，获得报酬。

你应该给自己立下目标：每个月至少认识一个工作以外的人。那你该如何认识这些人呢？这又要回到你已经确定的“进阶版自己”会参与的活动。你在工作以外认识的人应该能够给你提供参与这些活动的机会，或者能让你接触到在这些活动中表现出色的人。你若想拓展自己的社交圈，就应该参与那些会留出时间让人们增进了解的团体活动，无论是在活动开始前，还是在活动结束后。如果你住在伦敦或纽约这样的大城市，可以很容易地找到这样的机会，毕竟大城市里总有源源不断的收费极低甚至免费的活动。若想在小地方找到这种机会，你可能就要花费一番力气了，否则就得接受远距离往返。你每个月至少要建立一段互惠互利的关系，这一点很重要。这样你就能在第一年年底拥有 12 个新朋友了。

请记住，参与这些活动时，你一定要尽可能多地与人交谈。如果你不敢主动接近他人并介绍自己，那就尝试做第一个到达现场的人，那样你就不得不与第二个和第三个到达的人交谈了。

来自行为科学的一个重要体会是，自我价值感很重要。自我价值感是我们对自身重要性的自觉意识。在它的驱使下，我们会采取能让自己感觉良好的行为方式。理想情况下，你在与新朋友聊天时会让对方自我感觉良好，让对方感觉你对他们很感兴趣。你可以尝试“电梯游说”（elevator pitch）①，简明扼要地向新朋友介绍自己。请务必确保你的“电梯游说”是有趣的，更具体地说，你要在简短的自我介绍中展现自己的价值及其重要性。我已经记不清有多少人先向我寻求建议，然后又问我是否认为他现在从事的工作很重要。这把我问糊涂了。如果从事这份工作的人还需要问这个问题，那答案肯定是否定的。

我非常理解那些不想主动去认识新朋友的人。不确定是否与对方有共同话题，但又不得不与对方聊天，这会令我感到精疲力竭。在我看来，流

① 电梯游说是指对个人、产品、服务、机构及其价值主张的简短介绍。——编者注

于表面的对话很无聊。幸运的是，还有一个可行的替代方案：找到从事你理想中的工作或类似工作的人，给他发送电子邮件或信息提出见面请求。对我来说，这做起来要容易得多。虽然线上请求比面对面的请求更容易被忽视，被拒绝的可能性也更大，但你不会在被拒绝后萎靡不振，毕竟电子邮件对个人的针对性没有那么强。如果你是向陌生人求助，或者同时向好几个人求助，那么电子邮件更适用，这是我的经验之谈。

在给新的联系人发电子邮件时要记住一点，你发送的对象越多，收到肯定回复的可能性就越大。因此，建议你将目标定为每个月发一次电子邮件，一次发给 5 个人，只要有一个人接受了你的请求，你就算大获全胜了。

一旦约定了见面，你就应该提前确定好想聊的话题了。理想情况下，这个人将成为你的社交圈的一部分，因此，你要明白一点，任何需要占用他大量时间的事情也应该是对他有益的。你要做好准备，先弄清楚自己想问什么，以及希望得到什么样的机会。

现在就请放下本书，去发 5 封邮件。此时不做，更待何时！

见解 6：通过持续学习磨炼“进阶版自己”的技能

2018 年，在为撰写本书做准备时，我根据自己的时间制订了一份学习计划，并要求自己严格执行。我计划在每个工作日都抽出时间学习，但你知道吗，我每周至少有一天做不到。为什么呢？因为我很容易分心，无论什么时候，只要有什么事情或什么人引起了我的注意，我就再也无法专注于学习。我都不愿承认自己已经这样断断续续过多少回了。不过，每次遇到这种情况，我都不会放弃，都会重新开始。在意识到自己没有完成当天的学习任务时，我就会制订好第二天的学习计划，并把要学习的材料放到方便拿取的地方。如果我能一直按计划持续学习，那当然更好，但明天重新开始也不晚，只要坚持往前走，总能走到终点。

今天你将投入什么样的持续学习活动呢？在“进阶版自己”所需的技能中，有一些是需要额外培训的，至于培训是否正式，这并不重要。实现“进阶版自己”只需三五年时间，所以我建议你不要报名参加昂贵的高等教育课程。硕士学位并不是你开启这趟旅程的必要条件，你完全可以等确定了自己需要这个学位再说。

在起步阶段，你应该花时间寻找那些免费的或低成本的学习机会。如果你在持续学习上投入了大量金钱，那你的预算就将决定它根本不可持续。

你也可以尝试短期课程或暑期学校。大多数高校都提供各式各样的课程，从常规的晚间课程到为期几周的密集课程。网上也有大量非常优质的课程，你舒舒服服地待在家里就能实现持续学习。幸运的是，技术的进步降低了线上课程的录制成本，这意味着很多线上课程都是免费的！

要把学习看作一件需要长期坚持的事情，而不是仅仅把它当作通过考试或取得技能认证的手段，这一点十分重要。持续学习可以提升你的能力，让你免遭社会淘汰。当然，对某些人来说，取得正式的资格证书是必要的，比如决心成为心脏外科医生或律师的人，但对大多数人来说，通往“进阶版自己”的道路有很多条。

通过免费或便宜的资源，让持续学习成为你每周的一个例行项目，这是一个很容易养成并坚持下去的习惯。以我为例，我的晨间活动包括阅读最新的报纸和杂志，我主要阅读自己感兴趣的内容，有时也会阅读一些自己不喜欢的文章，以此来挑战自己已有的观点以及可怕的证实偏差。我会一边悠闲地吃早餐，一边阅读，为这一天开个好头。即使是会忙得连轴转的一天，我也会早起一个小时，完成阅读任务。哪怕是冬天的早晨，乘车去机场的路上，我也会一边吃松饼，一边打着手电筒阅读，这件事很多人都知道。除了晨读，我还会在上下班途中收听在线课程的播客，或者阅读非虚构类书籍。

总的来说，持续学习应该用于提升你认为“进阶版自己”所需的专业技能。你只要预留出时间，就可以参与有助于你实现目标（获得新技能）的过程（听、说、读或写）。如果在三五年内你能持续不断地学习，那么定会获得回报。我建议你从用于持续学习的时间中拿出 80% 去提升一项关键技能，以成为这方面的专家为目标，这样就能为你探索其他兴趣留出一些时间。虽然有些领域与未来的你并无直接关联，但探索它们能让你获得意想不到的灵感，甚至挖掘出自己的兴趣。

面对“进阶版自己”参与的活动（见表 1-3）和所需的技能（见表 1-4），或许你感到很茫然。你很确定自己想要做出改变，但并不知道未来的自己会做什么。这样的你怎么可能找到并参与能推动自己前进的持续学习活动呢？这样的你怎么可能知道该做些什么呢？面对这种情况，你需要抛开那两个表，花一些时间挖掘自己的兴趣，并最终找到自己的激情所在。以开放的心态面对不同的选择，这样才能发现新的机会。

建议你每周回顾一下自己在持续学习的过程中最喜欢做的事，这一过程有助于你发现自己的远大目标。回顾的目的应该是逐步找到自己的兴趣，这样才能一步一步地确定你未来想从事的职业及其所需的专业技能，与此同时，你定期进行的持续学习也将成为你的习惯，无须刻意努力就能坚持下去。

现在就下定决心将持续学习变成你每周的例行活动吧，定好具体的日期和时间，设置好提醒，督促自己完成任务。

现在，请在下面的横线上写下你本周将会参与的一项学习活动：

____

见解 7：进入心流状态可提升学习效果

2019 年 4 月 1 日周一，我又以自己的常态开始了新的一天。而我的常态就是分心，仿佛每当我决定做一件事，另一件事就会争夺我的注意力。在伦敦政治经济学院，我常常因喝咖啡、吃午餐和独自去校园书店而分心，因此，这天我选择在家办公，希望在自己成为作家的第一天能够完成一些有意义的工作。是的，企鹅出版社刚刚决定出版我即将撰写的这本书。这让我喜出望外，同时也带来了压力，这种压力对我的影响正在慢慢显现。

我允诺了一个看似荒谬的交稿日期。为了写作本书，我花了 16 个月的时间进行研究并撰写大纲，现在却只有 160 天的时间来完成初稿。这似乎是一项不可能完成的任务，不过在动笔之前我做了充足的准备：我周遭堆满了笔记本，里面写满了我关于每一章内容的想法；我收拾了办公桌，将可能令我分心的东西都收了起来；我喝了茶，喝了水，还吃了些零食，以免人类的基本欲望的召唤分散我的注意力。

然而，我一直无法集中注意力，挂钟上的时针从 8 点走到了 9 点，又从9点走到了10点……午餐时间到了，又过去了。直到下午2点45分左右，我才终于进入了心流状态。

当你沉浸在当前所做之事中，并且效率极高时，就会进入心流状态。在这种状态下，时间转瞬即逝。心理学家米哈里·希斯赞特米哈伊（Mihaly Csikszentmihalyi）[①]指出，心流是一种心理状态，当你参与的持续学习活动足够有挑战性，占据了你全部的时间和精力时，你就会进入这种状态。如果能进入心流状态，你将获得巨大的喜悦与满足感。希斯赞特米哈伊还提到了其他的心理状态，比如焦虑、冷漠、兴奋、无聊、控制、放松和担忧。虽然这些状态都不能将你带入最佳的学习状态，但就我个人的经验而言，你至少要先经历其中一种，才会进入心流状态。通过练习，90分钟的时间就足够你从上述状态过渡到心流状态，并取得一些工作成效。当然，有时候你可能就是会比平时更容易分心，在这种时候，心流可能不会出现。你不要为此自责，尽快调整好自己的状态，投入下一场持续学习活动。

在《异类》（*Outliers*）一书中，马尔科姆·格拉德威尔（Malcolm Gladwell）强调了一万小时定律：一个人必须练习一万个小时左右才能达到很高的专业水平。当然，这只是一个平均值，有些人所需的时间更短，而另一些人所需的时间更长。比时间更重要的是方法，练习的方法要正

① 米哈里·希斯赞特米哈伊是“心流理论”的提出者。他的著作《创造力》通过访谈91名创新者，总结出了创造力产生的方式。该书中文简体字版已由湛庐引进，由浙江人民出版社于2015年出版。——编者注

确。正确的方法就是进入心流状态。

美国心理学家安德斯·埃利克森（Anders Ericsson）的观点与此一致，他坚称人们需要“刻意练习”。在没有任何干扰的环境中，你才能进入心流状态。埃利克森还认为，如果你设法进入了心流状态，那么事后一定会感到很疲惫。为什么呢？因为你太专注了，这会消耗你的精力。因此，无论你有多少空余时间，每一次停留在心流状态的时间都不会超过 90 分钟。

一天中的什么时候更容易进入心流状态是因人而异的。对我来说，最佳时间段是上午（7 点到 10 点）和晚上（10 点以后），但这两个时间段不可兼得，心流状态一天只会出现一次。如果你的时间很灵活，我建议你在一天中的不同时段进行 90 分钟的练习，这能帮助你找到进入心流状态的最佳时间。

此外，我还建议你留出一段时间来进行另一种学习，我称之为“分心学习”。这也是一种持续学习，但不需要你时刻保持专注，因此你可以同时做几件事。例如，你可以边在跑步机上跑步边听播客，或边做饭边听播客。再如，你可以在下班途中边听音乐边阅读。

这种学习方式能让你受益匪浅。我之所以能在 2018 年读完 100 多本书，就是依靠这种方式。你只需将注意力放在自己感兴趣的内容上，记住它们，也可以把书收藏起来，以备日后想要深入研究时再取出来重新阅读。这也有助于构建“你是一个持续学习者”的叙事。定期进行分心学习也是在帮助你养成新的习惯。

不断重复一个小步骤，它就能成为一种习惯，你的生活也会随之发生变化。

见解 8：监控进度，确保成功

为了在 2019 年 9 月底前完成本书初稿，我加快了写作的频率。到了夏天，我进一步增加了自己的工作强度，制订了每日的写作时间表，以确保自己能按时交稿。你猜怎么着？我很少能在当日的截止时间前完成每日的写作任务，但我会把自己当前的进度拎出来，也就是让其清晰可见。我可以根据当前的进度重新调整每日的写作时间表，确保能在最终截止日期前完成初稿。我在潜心写作的过程中学会了让自己快速进入心流状态的方法，这意味着我总能跟上进度，最终我成功了，按时交了稿。

> **监控当前的进度和待达成的目标，从而突显出当前所取得的进步，这一点至关重要。**

为了在迈向目标的过程中保持效率并坚持到底，你必须监控当前的进度。你可以每周抽出 1 个小时，记录你在过去 7 天中做了些什么。这也是为下一周制订计划的好时机。在持续学习以及拓展自己的社交圈时，你都需要这么做。

通过监控进度，你可以完全参与到实现“进阶版自己”的过程中，并看到自己在这个过程中的收获。当我全身心地投入写作，度过了非常愉快的一周时，我会对自己取得的成果格外满意，甚至有点飘飘然。这种感觉可能源自“这一切都是为了我自己”这个事实。

下面是一个监控自己的活动的模板以及一些示例：

我上周……

我上周参与的活动让我离自己的目标更近了一步，因为它……

当我参与该活动时，我感觉……

我下周会……

我下周参与的活动将有助于……

该模板可用于监控持续学习：

我上周……

周六完成了线上大师班的第四堂课。

我上周参与的活动让我离自己的目标更近了一步，因为它……

帮助我理解了资产负债表和损益表，这是我成为负责任的企业所有者所必需的技能。

当我参与该活动时，我感觉……

富有挑战性，有时会分心，有时也会因掌握了简单的概念而松了一口气。

我下周会……

在周六完成线上大师班的第五堂课。

我下周参与的活动将有助于……

我理解现金流和税盾，这是我成为负责任的企业所有人所必需的技能。

该模板还可用于监控在工作中和工作以外拓展人脉的过程：

我上周……

整理了一份20人名单，他们正在从事我即将从事的工作。

我上周参与的活动让我离自己的目标更近了一步，因为它……

让我得到了一份潜在导师名单，他们都可以就如何开展新工作为我提供建议。

当我参与该活动时，我感觉……

虽然枯燥乏味，但完成任务后，我觉得自己做事有条理了，内心充满了希望。

我下周会……

在周二晚上抽出2个小时给我的潜在导师发电子邮件。

我下周参与的活动将有助于……

我获得与潜在导师一对一交流的机会。这将拓展我的社交圈，让我有机会就自己的新工作向他们请教。

我通过上述例子给出的建议是，回顾上一周的活动，明确认识到这些活动与你的远大目标之间的关系。这是为了突显每项活动的好处，让你能更准确地描绘出“进阶版自己”。我希望你将“进阶版自己”视为一个真实的人，这个人值得你付出时间、理解和努力。找到这些活动与“进阶版自己”之间的关联，你就能更清楚地知道参与这些活动的意义，这有助于你在遇到挫折时坚持下去。

该模板还要求你记录下参与每项活动时的感受。无论你是已经百分之百确定未来的自己是什么样子，还是需要在这个过程中寻找答案，我都强烈建议你记录下自己的感受，它们能帮助你找到自己的兴趣。这个练习听起来很多余，但正如前文所述，个人叙事具有强大到令人难以置信的影响力。它们可能会让你相信自己喜欢某项活动，哪怕这项活动对你毫无益处。同样，你或许也能让自己相信，那些你最初讨厌的事只要对你有益，你也能乐在其中。

需要指出的是，对某一项活动的“喜欢”并不是绝对的。举个例子，我的正职是学者，但我喜欢参加行业活动，而且保持着每周一次的频率。我一直很喜欢与处于非学术岗位的同事交流，他们的工作节奏往往远快于我的学者同事。在这一天，我可以全身心地投入到与他们的交流中，与他们分别后，我会一直处于兴奋状态，并满怀愉悦地推进我的工作。不过，若参与这种活动的频率超过每周一次，我就会感到精疲力竭。社交活动和学术演讲也是如此。我每周都可以当一天的外向者，认识新朋友，从他们身上吸收能量，与他们分享观点。在其余的日子里，我就是一个内向者，让我独自工作或参加远程会议，我的表现会更好。我需要给自己充电。

我是在监控自己参加各种活动的感受时才意识到这一点的。如今，在选择自己将要参与的活动时，我会将这些偏好纳入考量。

监控模板也为你制订下一周的计划提供了依据。利用这个模板，你就可以让突出性偏差（salience bias）为你所用。

> **突出性偏差指的是，普通人倾向于把注意力放在那些引人注目的、自己重点关注的活动上。**

通过制订计划并将其与你实现远大目标所需的能力相关联，你需要参与的活动就会成为你的重点关注对象，这样你就更有可能完成它们。每周制订一次计划能让你养成提前关注下周活动的习惯，这个习惯最终会成为你的例行活动之一，你在不知不觉中就能完成它。

请注意，上文的示例详细描述了活动的内容，比如“线上大师班的第四堂课”或“给我的潜在导师发电子邮件”，以及具体的时间（一周中的哪一天）。这有助于给活动划定清晰的界限，让你知道什么时候该开始做，什么时候该完成。千万不要自我欺骗，这一点至关重要。如果你的计划十分模糊，比如“阅读”或“线上学习”，那要自我欺骗就易如反掌。如果没有设定参与这项活动需要达到的最终目标，或者没有说明具体的投入程度，那你即便什么实质性的事情都没做，也能轻松地说服自己你还是做了一些事情的。

若你在短期内未能做些实质性的事情，也不要担心。假设你浪费了几周的时间，那就反思一下是什么让你偏离了轨道。问问自己，是不是你固有的叙事拖了你的后腿。找到了问题所在，你再继续这一过程。请记住，坚持才是最重要的。

见解 9：承诺每周至少投入 90 分钟

为了开展这些活动，你至少需要投入多少时间呢？我建议每周至少参与一次持续 90 分钟的活动。

一个人只要保持专注，就能在三五年内完成一个大型项目，对于这一点，有些人持怀疑态度，我写书过程中的趣闻轶事或许可以打消他们的疑虑。不过，对于那些觉得自己无法平衡工作与生活的人，听到我还在建议你定期参与活动，或许会十分暴躁。你很可能已经意识到了，像我在 2019 年夏天那样高强度地工作对你来说是不现实的。你的感觉非常正确。

我知道，你没时间，所以我完全是根据你的情况来撰写第 2 章的。

如果你已经感到不堪重负，那就只承诺每周留出 90 分钟从事与“进阶版自己”相关的活动，并坚守这个承诺。如果你在工作日做不到，那就在周末去做。这是对你自己的未来的投资，让它占用一部分你的休闲时光是值得的。

90 分钟并不长，按理说是不会压垮你的。若将这 90 分钟用于持续学习，你就可以进入心流状态并获益匪浅，如此一来就形成了良性循环。90 分钟也足够你参加一场社交活动，足够你与同事或新朋友相处片刻。

承诺每周完成一个 90 分钟的时间块，可以确保你每周都做一些实质性的事情，也能让你看到明显的进展。

见解 10：消除来自他人的阻碍

有人说，写书的一大风险是你的读者可能只有你的亲朋好友。这有可能就是我的结局，毕竟成功是天赋、努力和运气共同的产物，为了以防万一，我现在最好还是不要抨击我的核心读者。

当你想要做出改变时，家人、朋友、同事的反应很可能会成为你的阻碍。有些对你来说很重要的人或许爱做一些不利于你实现远大目标的事。你可能喜欢与所爱之人待在一起，哪怕你们做的那些事会阻碍你成为“进阶版自己”，比如在夜里尽兴畅饮，影响了第二天的工作，又如长时间看电视，占用了持续学习的时间，再如甜食吃得过多，引发了脑雾[①]。这些事情可以一个月或一周做一次，但如果频率过高，就会阻碍你将时间和精

① 脑雾是指大脑难以形成清晰思维和记忆的现象。——编者注

力用于实现“进阶版自己”。

这些事情确实可以带给你即时满足，让你感到快乐。你如果告诉同伴，你不再参与他们的活动了，对方可能会觉得你毁了他们的精心安排。在某种意义上，你确实如此。不过，你正在为一个长远的目标而奋斗，只能牺牲一些眼前的快乐。

控制他人的消极反应是关键。我的建议是，明确地告诉他们你的决定。如果你打算不再参与他们的活动，你就要让对方知道。如果你还想参与，只是要减少参与的次数，那就告诉他们确定的日期。届时，记得信守承诺，面带微笑准时出现。如果你因此产生了内疚感，一定要尽快摆脱它。

反作用者是指那些击垮你的人。每次与他们聊天，你都会变得很沮丧。他们可能会抓住每一个机会指出形势对你多么不利。他们可能会说，“你（我们）这样的人是不会成功的”，或者“机会都是留给那些更富有 / 更聪明 / 看起来与众不同的人的”，或者“你要有自知之明”。这些话出自越亲近的人之口，其伤害越大。

这类对话最终会强化对你不利的个人叙事。若有可能，你最好避免与那些消极的人谈论你的小步骤和远大目标。坚持走自己的路，尽量不要向他人详细描述你正在做的事。你可以等一切尘埃落定之后再举起香槟庆祝，并将一切告诉他们。干杯！

若要抵消生活中可能出现的反作用者带来的消极影响，你需要找到与“进阶版自己”相契合的榜样，这一点至关重要。

> **每个人都需要他人的支持，包括“进阶版自己”。**

榜样能起到激励作用。当你遇到困难时，他们会抽出时间帮助你找到解决之法，而你不会因此产生内疚感。与好的榜样在一起时，你可以毫无保留地告诉他们你想成为什么样的人，也可以展示出自己脆弱的一面。

理想情况下，你至少有一个能理解你的追求的好榜样。如果你的生活中还不存在这样的人，你就要认真去寻找了。或许你可以通过在工作中和工作以外认识更多的人来找到他们。我曾经看到有人像寻找人生伴侣那样去寻找好榜样，且大获成功。想一想你希望这个人具备什么品质，思考的过程会让你收获颇丰。举个例子，你是否需要一个能听你倾诉并安慰你的人？你是否需要一个能鼓励你坚强的人？当然，寻找榜样并不需要遵守“单配偶制”，这正是榜样的美妙之处。幸运的话，你能找到很多榜样，他们能帮助你打开视野，让你看到不一样的人生。

现在出发吧

你的远见思维之旅将长达数年。这是一段漫长的时光，在此期间，你的工作真的有可能从单调乏味变得精彩至极，只要你做出承诺并一一兑现。一些人只想追求适度改变，这也没关系，一份有针对性的计划能帮助你实现这一目标。如果你能坚持践行本章给出的建议，那么你做出的承诺虽然不会在短期内改变你的生活，但从长远来看，它们会带来丰厚的回报。

本章中的行为科学见解将有助于你确立自己的远大目标，并明确实现这个目标所需的小步骤。现在，让我们花一点时间来回顾一下这些见解：

见解 1：“进阶版自己”每天都做些什么

首先确定你现在喜欢做的事，或者你认为自己会喜欢做的事，然后在做这些事情的过程中运用远见思维，重塑你关于自己的叙事。

见解 2：“进阶版自己”应该拥有哪些技能

确定实现“进阶版自己”所需的技能。你可能需要提升现有的技能或学习新的技能。

见解 3：获得“进阶版自己”所需的技能

将实现“进阶版自己”的总体目标所需参与的那些活动变成习惯，这样你就能自动参与其中了。

见解 4：在工作中磨炼“进阶版自己”的技能

从你现在的工作中找出能推动你前进的那些活动，并投身其中。承诺在下个月参与一项或多项这类活动。

见解 5：走出去磨炼“进阶版自己”的技能

结识现有圈子以外的人能加快你的进度。承诺在下个月参加一场或多场活动来拓展社交圈。

见解 6：通过持续学习磨炼“进阶版自己”的技能

找到持续学习的机会。确保每周都能抽出时间用于持续学习，从而将其变成日常生活的一部分。

见解 7：进入心流状态可提升学习效果

在持续学习的过程中，要留心能让你进入心流状态的环境和条件，在日后的持续学习活动中创造这些环境和条件。

见解 8：监控进度，确保成功

每周留出 1 个小时来监控自己的进度，并利用这个机会制订下一周的计划。

见解 9：承诺每周至少投入 90 分钟

承诺每周至少留出 90 分钟参与有针对性的活动。

见解 10：消除来自他人的阻碍

不要将你的改变计划透露给可能不会理解你的亲朋好友。寻找好的榜样。

你在阅读本章时许下的承诺，也就是每周要做之事，会直接转化为你实现远大目标所需参与的过程。每周回顾一下你参与各项活动时的感受，这有助于你了解这些小步骤给自己带来了多少快乐。你所需做出的承诺很小，不会扰乱你的生活。至于那些会阻碍你前进的叙事，你应该设法改变它们。

祝你目标制订顺利！

在进入下一章之前，请确保你已经： THINK BIG

- **找出那些阻碍你运用远见思维的叙事，并采取相应的措施来改变它们。**
- **逐一认真学习了上述行为科学见解。**

本章提到的 5 个绝妙的行为科学概念

1. 证实偏差：人们偏好那些能证实自己已有观点的信息。
2. 未来的自己：对未来想成为的人的具象化。人们对未来的自己的想象往往能激发共鸣，促使其为了获得长期回报而投资自己。
3. 系统 1 和系统 2：系统 1 是依靠本能自动做出决策，决策速度很快；系统 2 则更为谨慎。
4. 富兰克林效应：相比帮助过自己的人，人们更愿意帮助那些自己曾经帮助过的人。
5. 框架化：对信息或选择的利弊的诠释方式会改变它们的相对吸引力。

第2章

方法2：避免时间不一致性偏好，做周密的时间安排

在一场爱尔兰语的模拟（练习）考试中，我将身体靠向我的朋友，小声对她说："吉莉恩，我听说有人居然在医院感染了艾滋病病毒，这太令人震惊了，医院本该是让人恢复健康的地方啊！我早跟你说过，针头里会残留着病毒。"那是 1997 年，我在爱尔兰念中学的最后一年。

"天哪，你现在还有心思聊丙型肝炎和艾滋病？"她回答说，"这次考试太难了。我感觉自己到现在都理解不了爱尔兰语的条件语气（modh coinníollach）。"[1]

"砰！"巴克利老师一巴掌拍在我的课桌上，打断了我的思绪。我揉了揉太阳穴，想到自己即将迎来一顿责骂就忍不住哀叹。"格蕾丝·洛丹，在这所学校，考试期间不允许交头接耳。我要取消你这门课的成绩，请你母亲来见我。"

"我的母亲吗，老师？"吉莉恩用眼神恳求我闭嘴，但我没有理会，继续问道，“为什么不是我的父亲？您这样是不是有点性别歧视啊？我最近正好读了一篇文章，说人们倾向于把照顾和管教孩子视为母亲的责任，就因为……”

我一边滔滔不绝，一边眼看着巴克利老师的眼睛越瞪越大。最终，她罚我连续六周周五留堂，我敢拿我的晨间咖啡打赌，如果可以，她当时肯定更愿意重重地敲打我的头，之所以没有这么做，想必是因为当时的爱尔兰社会不允许老师体罚学生。

我不记得那天为什么突然想起丙型肝炎和艾滋病，但对易于分心或有拖延症的人来说，脑子里时不时冒出一些想法是常事。

在你试图加快自己前进的步伐时，分心对你毫无帮助。它不仅会让你在需要发挥出最佳状态时（比如考试、重要会议、面试等）注意力不集中，还会让你在应该忙于重要之事时被其他毫无关系的事情打断，比如沉迷于看电视或者与朋友出去玩一整天。时间从指缝间溜走，你却一事无成。

你是否曾计划一天要完成很多工作，结果却一无所成？

时间是你最宝贵的资源，失去了就拿不回来了，也无法花钱买到。在当今世界，许多东西都在肆意占据你的时间。你需要与分心和拖延打一场持久战。在这场战争中，你会输掉一些战役，但只要坚持不懈，就能成为最终的赢家。

我知道这很难，因为我也有过痛苦的经历。在学生时代，我经常因为上课走神、干扰其他同学和老师而被训斥，被要求专心一点，被罚坐到教室最后一排，甚至被赶出教室。我没有做过什么出格的事，唯一的罪过就是无法集中注意力。巴克利老师尤其不待见我，在我取得毕业证书（成绩相当于英国的 A 级）之前的那场家长会上，她对我父母说，我不太可能获得接受高等教育的机会，更不用说上大学了。这话令我母亲伤透了心。然而，现在的我已经是一所世界著名大学的副教授。这只是说明巴克利老师看人的眼光很差吗？

我确实极其厌烦巴克利老师，但需要强调的是，她的观点还是很有道理的。当时，因为注意力不集中，我的学习能力确实很差。虽然我想上大学，但我看不到任何考上大学的希望。拥有抱负很容易，难的是找到实现它们的方法。这不仅需要我们付出努力，还需要我们合理安排自己的时间。

那我是如何在毕业考试中取得优异的成绩，成功进入地方性大学学习计算机科学的呢？这一切要归功于深爱我的母亲。在毕业考试前的那一年，每天早上母亲都会根据我前一天的学习计划来考我。每日学习计划是在前一天晚上制订的，就贴在我卧室里的墙上。有了时间表和确认框，我就能清楚地看到自己每天实际需要完成的任务。这有助于我将每天要做的事时刻谨记于心，最大程度地提高我完成任务的可能性。在通向大学之路上，最难的部分是母亲替我完成的。她为我制订了简单但周密的学习计划，我只需坚持完成计划，好好学习，考上大学。

在成人世界中，你只能依靠自己。你需要制订周密的计划并严格执行，以确保自己走在正确的道路上，并努力提高自己成功的概率。

时间是有限的

若想坚持既定计划，很显然你需要时间。然而，时间是有限的。在我认识的人中，每个人都忙忙碌碌。如果我们在咖啡馆偶遇，你很可能也会说自己很忙。如果我要约你见面，或许得等上两周才能等到你抽出时间。

为什么每个人都这么忙？大多数人感觉自己很忙碌的原因只有一个，那就是从起床那一刻起，各种重要和不那么重要的事情都在吞噬我们的时间。若想避免这种情况，你就必须合理安排自己的时间。第一步就是看看你今天的时间表，确认哪些时间被分配给了不那么重要的事情，然后进行再分配，将更多的时间投入到重要的事情上。

你是否已经找到挤出时间成就“进阶版自己”的方法？先别急着夸奖自己。这一步很简单，真正难的是坚持去“做”。

确定从哪里挤出时间来完成那些小步骤，就像节食者确定如何从每日饮食中减少卡路里摄入一样，这很简单，我不把果酱甜甜圈全部吃掉就好了呀。

难点在哪儿？不吃果酱甜甜圈。最难的是什么？是在你疲惫不堪、备感压力或收到好消息想犒劳自己的时候，能够克制自己的欲望，不吃甜甜圈。

那些曾下定决心坚持跑步的人可能会有相同的经历。制订一个从零开始到完成5 000米长跑的计划很简单。第一天先跑10分钟，再走10分钟；第二天先跑15分钟，再走5分钟……你告诉自己，一天就20分钟，能有多难？到了第五天，昨天下雨打湿的运动鞋还没干，你系鞋带时已经感到有些疲惫，还有点酸痛……

回到床上再睡半个小时真的有那么糟糕吗？

或许你时常冒出想跑步的念头，还在日记中写下参与大型跑步比赛前需要完成的跑步训练，甚至轻松完成了第一次跑步。对你来说，这一切充满了新鲜感。然而，难的是 3 个月内不缺席任何一次训练。在执行计划的过程中，人们常常半途而废。

那就让我们从简单的部分着手，弄清楚可以从哪里挤出时间来完成那些小步骤。之后，我们可以利用行为科学的一些见解来帮助你避免重蹈覆辙。我将重点介绍 10 条可立即付诸实践的行为科学见解，它们可以帮助你养成良好的习惯，让你定期抽出时间完成那些小步骤。

挤出时间很容易

若想挤出时间，你需要每周制订一个七日计划，可以选在每周日的晚上来做，方便展望未来的一周。你已经确定了哪些活动有助于你实现“进阶版自己”（回忆一下你在第 1 章中承诺要做的事），现在要做的是给它们分配时间，比如这个 90 分钟，那个 3 个小时。这个过程就像你制订从零开始到完成 5 000 米长跑的训练计划一样，你需要在计划中列出每次训练要花多少时间。

参与这些活动就需要你从紧张的日程中挤出时间，这一点毋庸置疑。我们都很忙，那阻碍我们挤出时间的最大障碍到底是什么呢？是时间不一致性偏好（time-inconsistent preferences）。

什么是时间不一致性偏好？这是一个行为科学术语，意思是大多数人会因为缺乏自制力，无法完成足够多的能给自己带来长远利益的事情。

在处理跨期选择时，我们必须正视并解决自制力的问题。什么是跨期选择？它是指你要在即时满足和从事能带来长远收益的活动之间做出选择，后者会立刻让你感受到成本的存在。

简言之，当我们拥有3个小时，而且可以选择是用它来写小说或学习中文，还是与朋友在酒吧聚会或看电视时，大多数人都不会选择前者。

幸运的话，在实现远大目标之前，你通过完成那些小步骤也能获得即时满足。也许你本身就喜欢写小说或学习新的语言，每次投入到这些事情时，你都能从沉浸式的心流状态中获得即时满足。不过，这些活动的主要收益还是来自未来的某个时刻，比如你收到了第一张版税结算单，或者你能用比“把盐递给我”更复杂的句式与在北京的新同事聊天。

相比之下，有许多活动虽然能让你即刻感受到快乐，但也会在未来让你付出代价。在行为科学中，这些活动被称为“罪恶”或“坏事”，但在本书中，我将之称为“浪费时间的活动”（time-sinker）。浪费时间的活动包括酗酒、整天窝在沙发上看电视、无休止的线上社交等。这些活动除了浪费时间，长期下来还会损害你的健康。[2] 浪费时间的活动还包括网购和赌博，它们不仅浪费时间，还会让你收到高额的信用卡账单。就连收发电子邮件、参加毫无意义的会议，以及处理与同事之间的关系也会浪费你的时间，阻碍你做更重要的事。

> **你采取的小步骤不应该占据你用于保持健康、陪伴家人或放松身心的时间。**

制订中期计划是为了让你可以抽出时间去做其他事情，比如跑步、做一个对别人有用的人或者做一次泰式按摩来放松颈椎。你不应放弃那些能提升生活品质的日常活动，小步骤应该在它们之间的间隙展开。更确切地说，本章着重于帮助你减少浪费时间的活动。

用时审查

英国税务及海关总署（HM Revenue & Customs，简称 HMRC）或美国国税局（Internal Revenue Service，简称 IRS）每年都会审查人们的收入，确保他们足额纳税。用时审查是指审视自己将一天中的时间花在了哪里，从而看到自己的实际成果与计划的匹配度。请用接下来的 7 天做一次用时审查。我建议以 15 分钟为单位，把每一天划分成一个个小小的时间段，通过详细的记录让那些浪费时间的活动一目了然。

浪费时间的活动是可以（且应该）取消、避免或减少的。拿出彩色记号笔，在你的审查单上标记出浪费时间的活动，这样会更容易发现自己哪里用时不合理。

浪费时间的活动

对你来说，浪费时间的活动有哪些呢？对我来说，有毫无意义的会议、处理不重要的电子邮件以及看电视剧。我将逐一讲解，向你展示我过去通常会在这些事情上花多少时间，有了参考，你就能轻松找出那些浪费了自己的时间的活动，并找到对付它们的办法。

为了避免陷入这些活动，我在每一天都做了周密安排，从而最大程度上督促自己坚持计划。

我的浪费时间的活动

内容：毫无意义的会议，明显不需要我出席，我也无法提出有价值的建议

- 每周用时：7 个小时。
- 计划节省：4 个小时（不想让同事以为我死了，所以偶尔还是会出席）。
- 解决方法：我会就自己不参会礼貌地表达歉意，根据会议文件给出自己的建议或意见，并送上最温暖的祝福。如果这场会议连份正式文件都没有，我就什么都不做，直接不出席。组织者自己都不重视这场会议，我为什么要郑重以待呢？

内容：处理不重要的电子邮件

- 每周用时：对我来说，查看电子邮件是一种下意识的行为，所以很难估计用时。我不得不很惭愧地承认，我对此是有瘾的，有时，我在 1 个小时内查看电子邮件的次数就能多达两位数，而且这种行为是下意识的。
- 计划节省：无论实际用时是多少，我都计划削减 80%。[3]
- 解决方法：我在心不在焉时往往会打开电脑和手机，因此，我删掉了台式电脑和手机中的电子邮箱，只保留了平板电脑中

的电子邮箱。这样一来，我就不会下意识地将查看电子邮件与我的台式电脑和手机联系起来。此外，我规定自己只能在午餐后和晚上睡觉前处理电子邮件。我会提醒自己，我并不是一名心脏外科医生，就算没有及时回复他人的邮件，也不会有人因此丧命。[4]

内容：一边看电视剧，一边漫无目的地用手机上网

- 每周用时：每晚 1.5 个小时，周六和周日总计再增加约 5 个小时。
- 计划节省：共 6 个小时。
- 解决方法：不得不承认，这对我来说真的很难，因为这也是我的放松方式。因此，与无休止地查看电子邮件和参加无意义的会议不同的是，我并不想彻底戒掉看剧这个习惯。不过，既然做了减少用时的决定，我还是改变了自己的习惯，从漫无目的地看各种电视剧，到一晚最多看一部电影或两集电视连续剧。我还把所有电子设备放到了另一个房间，从此不再边看电视边上网，这样就能更专注于且更享受观看电影或电视剧。Apple TV、Now TV、奈飞和亚马逊的付费订阅都可以轻松取消和恢复（在行为科学中，我们将“能够轻松取消”称为“低水位淤泥”），得益于此，我现在会轮换着订阅它们，给自己更多的观看选择。这种“有目的性的观看”也间接地大幅提升了我的睡眠质量。

总的来说，第一项和第三项每周至少为我节省了 10 个小时的时间，此外，改变处理电子邮件的习惯又为我节省了至少 10 个小时，这还只是保守估计（真的只是保守估计）。哇哦！就这样，我每周挤出了 20 个小时，可用于推进我的远见思维之旅。人们总说一周的时间不够多，我的方法却让我实实在在地多出了将近一整天的时间！一年有大约 52 周，那我就能挤出

1 040 个小时！5 年就是 5 200 个小时！想象一下，在未来 5 年里，如果我多花 5 200 个小时来实现自己的抱负，我的生活将会变得多么美好啊！

接下来，请列出目前浪费了你大量时间的三项活动：

浪费时间的活动 1
内容：
每周用时：
计划节省：
解决方法：

浪费时间的活动 2
内容：
每周用时：
计划节省：
解决方法：

浪费时间的活动 3
内容：
每周用时：
计划节省：
解决方法：

行为科学见解

在第 1 章中，你明确了与中期目标有关的活动所要达到的效果。现在，通过用时审查，你找到了浪费时间的活动，取消或减少这些活动节省出的时间可用于完成通往远大目标的小步骤。

那现在还有什么阻挡着你走向成功呢？你被眼下更有趣的事情分散了注意力？你被突然收到的邮件干扰了，或因胡思乱想而走神，所以偏离了自己的核心目标？

当完成小步骤困难重重，或有外物令你分心时，你需要做的就是设法坚持下去。坚持计划确实很难，仅仅是按时完成各个小步骤都离不开自律，而这种程度的自律其实是大部分人都缺乏的。

有时，为了实现目标，我们需要完成枯燥乏味的工作。有时，你无法和朋友一起去喝阿佩罗橙光鸡尾酒，无法陪伴侣看电影。然而，这是你为了追求理想生活而选择的道路，这条路只能由你自己来走。不要让浪费时间的活动拖慢你前进的脚步。

其实，我们并不是每次都一定会选择即时满足。我说过，我是一个很容易分心的人，常常偏离自己的计划，但你正在阅读的这本书是我耗费大量时间完成的。撰写本书就是一个典型的中期目标，我必须先确立这一目标，然后采取实际行动，通过定期实施小步骤来完成它。

行为科学指出，我们只需找到自己让自己分心的原因，采取防止自己干扰自己的措施，就可以克服干扰，保持专注，稳步前进。接下来，我将简要介绍一下这些措施，它们都是行为科学中的绝妙见解，能帮助你避开浪费时间的活动，定期完成小步骤，并最终实现远大目标。这些见解易于践行，且没有成本或成本低廉。

每条行为科学见解都能帮到一些人，但不一定能帮到每个人。每个人都是独一无二、与众不同的个体，不同的见解适用于不同的人。尽管如此，我还是强烈建议你将它们都尝试一遍，这样才能准确评估每条见解对你是否有效，对你有效的就坚持下去。如果尝试了一周都见不到任何效果，那就不要再白费工夫，直接尝试下一条见解吧。你无须按顺序尝试，从你最感兴趣的开始即可。

这就是所谓的试错学习，尝试之后，只留下对自己有效的。我也曾进行试错学习，并取得了巨大成功。借助这种方式，我学会了管理自己的注意力持续时间，改掉了容易分心的毛病，从而更好地管理自己的时间。我经常会用自己来做行为科学实验。这听起来有点奇怪，其实就是我从行为科学中获得见解，然后将其应用到自己身上，7 天后再评估我所做的改变是否真的让自己朝着期望的方向发展。如果这种改变有效，我就坚持下去，并且每周监控它对我的行为的影响，直到它不再起效。不再起效意味着我已经适应了这一改变，新鲜感消失了。在此之后，我会尝试做出其他改变。

在探索什么方法对你有效的尝试中，你若能保持开放的心态，可能会获得意外的收获。个性化的干预措施能大大提升你的成功率，毕竟不同的方法适用于不同的人。[5] 试错学习意味着，你要放弃那些对你毫无益处，甚至可能令你分心的方法，转而坚持那些对你有益的方法。

有句老话说，我们最终都会活成父母的样子。通过不断践行从行为科学中获得的见解，我基本也算活成了我母亲的样子——她是个爱尔兰人，一心要把她任性的孩子稳稳地送进大学。我有意识地管理着那个容易分心的自己，确保自己能够完成有意义的中期目标，比如写完这本书。我希望当你读到本章结尾处时也能和我一样，让自己稳稳地走在通往成功的道路上。

接下来我将介绍行为科学的 10 条见解，希望你能从中选出自己最感兴趣的那一条，明天就付诸实践。我还建议你将整个实践过程记录下来。

了解哪些见解对你有效本身也是一场自我发现之旅。

见解 1：重新平衡即时成本与收益

巴克利老师取消了我模拟考试的成绩，这意味着我在未来 6 个月里的实际学习情况将充满不确定性，再加上所有的迹象似乎都表明我注定要失败，我母亲不得不加倍努力，以便将我推上通向成功的道路。她非常清楚我要在未来才能获得上大学带来的收益，她得先确保我现在用于学习的时间的成本与收益是平衡的，这样我才更有可能好好学习。

在爱尔兰，母亲只要睨孩子一眼就能让对方知道她绝对不会让步。如果妄图挑战她的权威，那就更惨了，她定会喋喋不休地将孩子数落一番。在我准备毕业考试的那段时间，母亲经常用这种眼神看我，也常常在我耳边唠叨。这些都是我的不良行为带来的显而易见的后果，只是之前从未出现在我的日常学习过程中。

母亲睨我一眼，便让我看到了不学习的即时成本。我真切地感受到了被唠叨的即时成本，这超过了看电视或做其他无聊的事情所能带来的即时收益。这就是行为科学家所说的“大棒”。它就像一根真正的棒子，虽然会戳得你很不舒服，但能让你一步一步走向自己的目标。

不过，母亲不只会唠叨我，还会哄我和表扬我。她会说："格蕾丝，我太为你骄傲了。我知道这部分内容有点枯燥，但很快就能结束了。先喝杯茶，吃点巧克力棉花糖怎么样？"这些贴心的话语加上美味的棉花糖，让我立刻享受到了学习带来的好处，使我心甘情愿地投入到学习中。

这种策略被行为科学家称为"胡萝卜"。你得到的即时满足就是这根"胡萝卜"，它能激励你立刻做出特定行为，这一行为有可能改善你未来的生活。

我母亲提供了各种各样的"胡萝卜"：有益健康和令人开心的食物；在我休息时陪我玩耍；晚上租影碟来看，让我放松身心；在我表现出色的时候给予我丰富多样的奖励，从漂亮的文具到我最喜欢的商店的购物券。

总的来说，我母亲采用的是"胡萝卜"（激励）加"大棒"（惩罚）的方法。当时的我非常需要她的帮助，一方面是因为我很容易分心走神，另一方面是因为我们学校的教学质量不高，无法形成能激励我努力学习的同伴效应（同伴对我的积极影响）。[6]

当时的情况对我很不利，若要扭转局势，我就必须做出改变，努力学习。我后来才意识到，世界各地都有伟大的母亲，是她们帮助自己的孩子突破万难，改变了自己的命运，这是很值得赞赏的。在这些母亲中，有许多是依靠直觉选择了"胡萝卜"加"大棒"的方法来帮助孩子实现目标。

现在，每当我要做一件很久以后才能见到收益，且收益不确定，但当下又会严重侵占我的休闲时间的事情时，我仍旧会用"胡萝卜"加"大棒"的方法来平衡我的即时收益与即时成本。

在创造适用于你的“胡萝卜”和“大棒”之前，请先问自己一个问题：“我如何才能降低实施这些小步骤的即时成本，同时提高它们的即时收益？”

这个问题的本质是，对于这些与你的远大目标（你在第 1 章确定的目标）相关的活动，你如何才能提升它们在当下的吸引力。一个典型的例子是，有些人想早起锻炼，但总会在闹钟响起时按下稍后提醒的按钮。他们该如何确保早起锻炼计划的顺利实施呢？

他们可以把闹钟放在远离自己的地方，这样一来，若想关掉闹钟，就必须起床。此外，他们可以将跑鞋和运动装放在闹钟旁边，以便快速穿上。

这么做有什么用呢？将闹钟放在远离床的地方可以增加他们待在床上的成本，试问谁想躺在床上听刺耳的闹钟声？一旦起床，他们重新回到床上的收益就会立即降低，因为困意已经开始消退。与此同时，将运动装备放在触手可及的地方可以降低做准备工作的成本。

对于你尝试建立的新习惯（小步骤），对其成本与收益进行微调，可以在很大程度上帮助你坚持下去。例如：

在持续学习时容易因电子邮件和社交媒体而分心？试着把电子邮件的图标从桌面上删除，并切断网络，给自己营造一个没有网络的工作空间。上网越麻烦，其即时成本就越高，你上网的可能性就越小。

因太疲劳而缺席原本准备参加的社交活动？在每一次社交活动之后安排一个夜晚来尽情放松，以此激励自己每个月参加一次社交活动。你可以出去与朋友聚餐，也可以一个人在家点份外卖，边吃边看电影，放松一下。这些激励可以增加你参加社交活动的即时收益，或许还能帮助你缓解疲劳。

见解 2：建立自信

在距离毕业考试只剩 3 个月时，母亲对我说："格蕾丝，你可以成为你想成为的人。你将成为什么样的人完全取决于你自己。只要你坚持不懈地努力学习，就没有什么能够阻挡你。你头脑灵活且十分聪明，我相信你能做到。"

当时的我并不相信母亲的话。我还能想起 1997 年的那个雨天，我坐在书桌前翻了个白眼，表示自己听到了，其实我并没有听进去。我认为自己非常普通，就在平均线上下，当然不可能相信我可以成为自己想成为的人。十几岁时的我非常缺乏自信。不过，在缺乏自信的时候，身边能有一个相信你的人是极其宝贵的。

有人相信你擅长学习或不擅长学习真的会对你产生影响吗？1968 年，哈佛大学心理学家罗伯特 · 罗森塔尔（Robert Rosenthal）和小学校长莉诺 · 雅各布森（Lenore Jacobson）联手，开展了一项具有里程碑意义的研究，调查了老师对学生能力的看法会对学生产生怎样的影响。

他们在旧金山南部一所小学的学生中开展了一项测试，该测试是要找出这些学生中的大器晚成者，也就是未来才会显露出天赋的人。据说，通过这项测试，罗森塔尔和雅各布森能找出那些很快就会显露出天赋的学生，即便他们目前看起来还资质平平。两人将通过测试找出来的大器晚成者告诉了他们的老师。

接下来发生了什么？有了积极的期望，老师们开始用不同的方式对待那些被认为会大器晚成的孩子。这就是众所周知的皮格马利翁效应。在该学年结束时，罗森塔尔和雅各布森再次测试了学生们的学业水平，结果显示，被认定为大器晚成者的学生比其他学生进步得更快。这意味着什么呢？他们所做的测试完美地预测出了大器晚成者？这个嘛，并不完全如此……

所谓的大器晚成者是罗森塔尔和雅各布森随机挑选的，简单来说就是通过抓阄选出来的。这些学生的表现可能是最好的，也可能是很差的，二者概率相同。选择过程与他们的学业水平和应试能力毫无关系。该实验进一步证明，老师对学生能力的看法就是“自我实现预言”：学生会迎合老师的期望。这些学生之所以进步更快，并不是因为他们发挥了天赋，而是因为老师的关注。这些学生被认定为大器晚成者，老师们因为相信他们的潜力而给予了他们更多的关注，他们也就越发努力，最终取得了更好的成绩。

在执行任何一个中期计划时，建立自信都能带来好处。为什么？因为如果你充满自信，你就会相信自己可以实现远大目标并从中获益。要坚信自己可以做到，这份信念可能正是现在的你所需要的，它能确保你完成那些小步骤。你可以制造自己的“自我实现预言”或者皮格马利翁效应。

那么你该如何建立自信呢？

你要经常提醒自己：通过持续努力，我可以提升自己已有的技能，并改变其他特征。这些东西都是可以改变的。这听起来可能过于简单化了，但相信自己能够做到是提升自身能力的关键因素之一。我在伦敦政治经济学院教过许多年的计量经济学，这是一门基于统计数据的经济学学科，许多学生都很害怕它。我很乐意与你分享一个典型事实：学生对这门学科的恐惧，往往是他们无法在这一学科上取得优异成绩的原因。作为老师，我发现帮助他们消除这种恐惧会给予他们极大的帮助，让他们不会只因为自己认为这门学科很难就逃避学习。我能为他们提供的最大帮助就是提升他们的自信，让他们坚持学习。

我要告诉你，在面对艰巨的任务时告诉自己“我可以”，这会让你在未来获得巨大回报。我凭什么这么说？因为很多证据都表明，提升自信可以帮助一个人改变命运。例如，2011 年的一项研究选取了 15 000 多名儿童，将他们分为实验组和对照组，研究人员鼓励实验组的儿童，让他们相信智力是可以提高的，但没有将这一点告知对照组的儿童，最终实验组的儿童在艰巨任务中的表现远远好于对照组的儿童。[7] 其他实验还证明了，在诸多其他环境中，学生在得知自己有能力提高智力的情况下能取得更好的成绩。[8] 一旦意识到自己有能力实现远大目标，你就可以顺利完成抵达目的地所需的各个小步骤。还有证据表明，如果他人反复重申你有能力实现目标，那么你实现目标的可能性就会大大增加。[9]

想听点鼓舞人心的话吗？任何时候你都可以培养自己的软技能，[10] 也就是说，无论你现在多大年纪，只要你愿意，你都可以改变自己的行为，增强自己的自尊和复原力，让自己变得更坚毅。总的来说，行为科学研究告诉我们，只要相信自己能掌握多种技能，你就能迅速提升自己在这些领域的表现。

想让自己实现远大目标的概率最大化吗？那为什么不留出一点时间来

反复告诉自己，你完全有能力应对成为“进阶版自己”这一挑战呢？回想一下你目前已经完成的诸多小步骤，它们都是你正在顺利向目的地迈进的证据。这个方法的关键在于重复，每周都要告诉自己“我可以”。

如果你一开始觉得说不出口，那能否找到一个爱夸人的好友？找到一个支持你的人？找到一个知道你正在为成为“进阶版自己”而努力，并能在你需要提振士气的时候帮助你建立自信的人？

> **当你因自信遭受打击而犹豫不决时，花些时间提醒自己，你当前感受到的不安全感只是暂时的，不是永久的。这番提醒能帮到你。**

我的建议有何依据？依据来自一项了不起的随机对照研究，研究对象为大一新生，他们中的一部分在入学时收到了一个往届学生撰写的报告，该虚构的往届生称，刚入学时的不知所措、格格不入只是暂时的。最终，相较于未收到该报告的大一新生，这些学生的平均绩点高出了 0.3。[11] 在学生们开启大学生活时，只是告诉他们当下的不知所措是正常的，就能帮助他们坚持学习！

因此，如果你在社交活动中感觉不知所措、格格不入，在培训课上因为跟不上进度而缺乏信心，在会议中想不出任何值得发言的内容，记得提醒自己，这些都是暂时的。

你要不断默念这个咒语，不断提醒自己，这种缺乏归属感的感觉很快就会消失。为什么？因为无论什么地方，只要你待得足够久，你最终都会属于那里！

见解 3：多给自己一点时间

在备战毕业考试期间，我的状态起起伏伏。1997 年 4 月中旬，我陷入了低谷期，尽管我很想努力，也曾多次尝试重新开始，但通通失败了，最终没能好好准备英语复习课。

“老师，我没想到会花这么长的时间……我没想到这本书会这么枯燥，我不得不反反复复地阅读前十页。”

我正试图向我的英语老师菲茨吉本夫人解释，我为什么完全解释不了《李尔王》的结局为何符合悲剧的标准。再说了，这算个什么问题呀？十几岁的格蕾丝只知道：1. 阅读《李尔王》这项任务让她痛苦不堪；2. 她严重低估了读完《李尔王》所需的时间，无论是绝对时间还是考虑到她有重度拖延症的相对时间。

在制订活动计划时，我们会有意或无意地评估三个参数，即这项活动所需的时间、成本以及涉及的风险。我的《李尔王》阅读计划除了无聊之外没有任何成本，但我严重低估了读完它所需的时间。更糟的是，我低估了自己的拖延症带来的风险，以及自己对阅读这部戏剧的反感程度。不过，我从来不是唯一一个不擅长做计划的人，即使是懂规划的人也会把事情搞得一团糟。

在过去的几十年里，对出生在爱尔兰的人来说，他们能否获得机会取决于“凯尔特之虎”带给他们的是红利还是弊端。这个有趣的昵称是对 20 世纪 90 年代中期到 21 世纪初的爱尔兰的称呼，这一时期的爱尔兰以经济增长迅速、大多数人收入增加而著称。在这个时期，爱尔兰启动了众多大型项目，但大多数都超时、超支了，其中之一就是在当地臭名昭著的都柏林港口隧道项目。在早期谈判中，该项目的预算为 1 亿欧元。最终，该隧道于 2006 年通车，比原计划晚了 2 年，且超支 6 亿欧元。更糟糕的是，对一些驾驶员来说，该隧道在通车伊始就因为技术指标落后而不实用了。为什么呢？因为隧道不够高，新型的卡车无法通行。

爱尔兰并不是唯一一个缺乏规划的国家。澳大利亚的悉尼歌剧院是经过精心规划的，规划阶段估计该项目将耗时 4 年，预算为 700 万澳元。最终的结果与计划相符吗？答案是否定的，这个项目超时 10 年，超支 9 500 万澳元。此外，加拿大曾计划为 1976 年夏季奥运会建造一座带有可开合顶棚的体育馆，预计耗资 1.2 亿加元。你猜怎么着？该体育馆直到 1989 年才彻底完工，仅顶棚的造价就达到了最初预计的整体造价。那英法之间的英吉利海峡隧道呢？一样！不仅超时，而且严重超支！

你是否正打算创业？在制订这类中期计划时，人们常常会低估成本和时间，从而高估成功的概率。30% 的老板认为自己失败的概率为零，从统计学的角度来说，在经济不稳定的时候，这是根本不可能的；还有 70% 的老板认为自己成功的概率在 70% 或以上。[12]

这些计划失败的根本原因是什么？是计划谬误，这是由丹尼尔·卡尼曼和阿莫斯·特沃斯基（Amos Tversky）① 于 1979 年的研究中发现并提出的。

---

① 阿莫斯·特沃斯基是著名的心理学家，他的著作《特沃斯基精要》集结了他生前最重要的 14 篇论文，该书中文简体字版已由湛庐引进，由浙江教育出版社于 2022 年出版。——编者注

计划谬误是指，人们总是倾向于低估自己完成一次活动所需的时间，即使他们知道类似的活动耗费的时间比他们预估的时间要长。我们只是对自己的工作效率过于乐观罢了，受此影响，我们还会低估完成这项活动的难度。最终，我们为各种活动分配的时间都太少，不足以让我们按时完成。

在制订计划时，我们会假设万事顺利。在我们的假设中，一切都是最理想的样子，哪怕这样的情况从未发生过。我们认为自己不会拖延，不会疲惫，不会分心，不受干扰。这种乐观主义会影响我们对时间的分配。

严格来说，计划谬误指的是我们严重低估实现目标所需的时间与金钱的能力。不过，已有证据清楚地表明，就个人层面的决策而言，对金钱的预估可以达到非常高的准确度。不管怎样，人们确实一次又一次地低估了自己实现目标所需的时间。坦率地说，我们根本不擅长预估自己完成任务所需的时间。我们艰难地进行着时间管理，艰难地完成那些枯燥的事情，只有这样，才能按照既定路线前进，达到预期的效果，并按时完成任务。

我敢肯定，你在第 1 章中制订的计划也存在计划谬误。制订计划时若不考虑计划谬误，那必败无疑。想象一下，在这周晚些时候，你坐下来准备完成一项预计花费 3 个小时的任务，但 3 个小时过去了，你才完成了一半，这意味着什么？有些人会因为自己的表现没有达到预期而感到沮丧，另一些人则可能认为这恰恰证明了自己无法成为“进阶版自己”，并因此停下了前进的脚步。如果一个人一再落入计划谬误的陷阱，他就会越来越觉得自己能力不足，无法战胜挑战，最终选择放弃。

你该如何克服计划谬误呢？

首先，举起一面镜子，笃定地告诉镜中的自己，你只是这一特殊的认知偏差的受害者。这就已经开了一个好头了。接着呢？审查你去年计划完成的所有项目。其本质是让你列出过去 12 个月里你计划完成的所有项目，无论最终完成与否。

现在，你需要将它们填入表 2-1 中的“我制订过的计划”一栏。这些项目可能包括粉刷棚屋、跑 10 千米、给孩子辅导数学作业，以及一些常见的工作目标，比如升职、开发 10 名新客户、在你承诺的很短的时间内写完一本书。你还可以填入一些微小的计划，比如你计划阅读的书、想做的口腔检查和其他健康筛查。

请在表 2-1 的第二栏中填入与各计划相关的生活领域，这些生活领域包括：

工作（这属于“远见思维”）
财务
亲友
健康
个人时间（即照顾自己的时间）
个人成长（可能源自对实现远大目标的坚持）
爱情
个人形象
社会（回馈这个世界，包括募捐和社区工作）
精神

表 2-1　制订的计划及其完成情况

我制订过的计划	生活领域	完成	超时	从未完成

上表还有三栏，分别为“完成”“超时”和“从未完成”，请根据各项计划的实际情况来勾选。其中，“完成”指你在预计时间内完成了该计划，“超时”指你虽然完成了，但耗时比预计的更长，“从未完成”指该计划一直未完成。

花点时间反思一下你所填入的内容，如果所有计划都勾选的“完成”，那你有可能并未诚实地面对过去一年你计划要做的事情。或者，你本可以做更多事情，进一步提升自己的能力？

大多数人会发现，我们往往在某一特定领域的完成度很高，而在其他领域搞砸的次数则要多很多。在某些生活领域，可能计划全部超时了，这也能解释你为什么一个“从未完成”都没勾选。建议你认真想一想，你是不是有意忽视了某一生活领域，还是你真的很不擅长规划自己的生活。

我认识的商界人士虽然都能完成与利润增长或客户增长有关的计划，但会在无意中搞砸有关家庭或健康的计划。这可能会降低他们的幸福感，而且这与故意不制订涉及某个生活领域的计划截然不同。

不同的人有不同的优先事项，这一点毋庸置疑。对我来说，如果没能找到一个（非常）好的伴侣，我会怅然若失，但我的一些朋友完全不在意找对象或者约会这些事情。此外，我完全不在乎自己的个人形象，不太可能花时间去追逐时尚潮流。我现在的个人形象不需要怎么打理，我认为这是一个没必要规划的生活领域。

在填写表 2-1 时，你或许会发现有些计划与不止一个生活领域相关。例如，撰写本书既有利于我的个人成长，也有利于我的工作。此外，在不同时期，我关注的生活领域往往也有所不同。

在推进某些项目时，我喜欢独自工作。这意味着当我躲起来努力工作时，我与家人、朋友见面的次数会大大减少。我是如何获得所爱之人的理解的呢？我会让他们知道我在忙什么，而且我们会安排好下一次的见面，很快就能共度美好的时光。这类时间交换是有意为之还是无奈之举，这很关键。我没有放弃这个生活领域，只是它并非我当前的重心。

现在来看一下你“从未完成”的计划。你为什么放弃了那些项目？是有更吸引你的事情要做，还是有别的合理的理由？例如，你报名参加了一门在线课程，上到第四节课时你就已经确定自己对课程内容不感兴趣了，也许是与你的期望不符，也许就是无法吸引你。你问自己，这门课是否是在计划时间内实现目标的唯一途径。答案是“否”。接着，你上了第五节课，全程都非常痛苦。在评估继续上课的成本与收益时，是否应该把你已经投入的时间考虑进去呢？答案是“否”。如果你选择继续上课，就会像去餐厅吃饭一样，明明吃饱了，还要坚持吃完剩下的饭菜，只为“不浪费花掉的钱”；或者像去看电影，明明电影无聊透顶，自己也有更值得做的事情可做，却还是坚持看完。这样的你将成为沉没成本谬误的受害者。

> **如果你想做一些更有意义的事情，放弃当前的计划也没关系。**

如果你不是主动放弃的，那会怎样呢？这种情况经常发生在我这样的人身上。例如，我打算每周去美丽的里士满公园跑 5 千米，但用于跑步的时间被其他计划占用了，或者只是因为我的拖延而未完成，我的“从未完成”一栏里就会出现一个大大的“√”。再如你现在正在阅读的这一章，它在“超时”一栏留下了一个“√”，因为在我制订计划时，计划谬误总是隐藏在暗处伺机而动。在我的设想中，这一章只需要大概 40 个小时即可完成，我可以将这 40 个小时安排在一周的时间里。然而，生活中的琐事干扰了我，我分心了，没能按时完成。

是什么导致了我超时？杂七杂八的事情！在这个例子中，我超时的原因之一是我走神了 20 分钟，一直在咬闪闪亮亮的新铅笔（请不要对此做出评论）。这种情况怎么可能是我预料得到的呢？没人会将咬铅笔列入当日的日程。令你分心的事情通常都不在你的计划中。

你只需将自己去年计划完成的所有项目审查一遍就会发现，我们总是高估了自己在日常生活中所能完成的事情，而且常常无缘无故地放弃精心制订的计划。你从中还能发现，糟糕的计划会让美好的愿望落空。由于未给撰写本章留出足够的时间，我没能去里士满公园与鹿、蝴蝶、兔子一起跑步，错失了锻炼带来的快感。

你利用表 2-1 进行的审查很可能会让你清楚地看到，你和我一样，也经常落入计划谬误的陷阱，这对你执行跨生活领域的计划是不利的。只是知道这种偏差的存在，你就有可能避开计划谬误。不过，这可能还不够。

为了进一步掌握主动权，我建议你在预计时长的基础上乘以一个较大的系数，比如 1.5。换言之，如果你原本计划投入一个小时去完成与"进阶版自己"有关的活动，现在就要投入一个半小时。

接着，你需要不断提高这个换算系数的精确度，使其反映出你受计划谬误影响最大的生活领域。每周都要评估你在计划时间内完成的活动所占的比例，注意将超出的时间考虑在内。随着你一次又一次地重复这个过程，你对自己完成一项任务所需的时间会有越来越准确的预判，也会越来越清楚什么换算系数对你来说是最合理的，最后就能克服计划谬误了。不同的活动可能需要乘以不同的换算系数，这能帮助你进一步优化日程安排。不过 1.5 是一个很好的起点，这是我的经验之谈。

见解 4：定期重新审视你的远大目标

"妈妈，我不知道自己喜欢哪个专业。"我一边说，一边翻看着大学目录，绕开了法律、商科和口腔医学专业，不过，我觉得自己也有可能都喜欢，"现在的我怎么知道自己以后想做什么呢？我都不知道与这些专业对口的工作有哪些，也不知道自己喜欢做什么工作。我可以抛硬币决定吗？"

在距离高中毕业考试仅剩一个月的时候，我依然难以决定自己应该选择什么专业。这原本也没什么，但一想到自己付出的努力可能无法换来一个好结果，我就难以按时完成学习计划，身体和思想都变得很懒惰。

我迟迟无法做出决定，越来越茫然，直到我的手指停在了计算机科学的理学士学位上，那一刻，我脑海中浮现出了自己开发电子游戏、创建电影图像和购物网站的画面，那可真是太酷了。对此刻的我来说，这些职业真的很让人兴奋，至少不会像阅读《李尔王》那样痛苦。

想到这里，我大声宣布："我要成为一名计算机科学家！"

有了清晰的远大目标，你就能按时完成自己在第 1 章中选择的那些活动。若是没有目标，你就不知道自己在为什么而努力，也就难以鼓足干劲去完成那些必不可少的小步骤。

需要指出的是，我至今未能成为计算机科学家。你设定的目标应该既能激励你前进，又不是一成不变的，从而避免束缚住自己。其中的关键在于，你要持续学习并掌握对"进阶版自己"有用的技能，还要能随着新的机会的出现不断调整你对"进阶版自己"的设想。

行为科学研究可以轻而易举地证实制订目标的好处。[13] 那制订目标背后的运行机制是什么呢？究其本质是通过将"进阶版自己"具象化，加速你成为未来的自己的进程。通过将远大目标具象化，你就能牢牢记住自己的远大抱负。这反过来又提醒你，在实现远大目标之后，你能获得哪些好处。只要认识到有这些好处存在，只要牢记你对"进阶版自己"的设想，你就能朝着目标坚定地走下去。

> **每个月都要抽出一些时间来回顾和重新审视你的远大目标。**

你可以在制订每周计划时完成这个任务。想象一下成为“进阶版自己”会是什么感觉，这有助于你明确自己的目标。当下采取的小步骤与“进阶版自己”之间的关联越清晰，你在完成它们时的目的性就会越强。

目标越明确，你实现它的可能性就越大，不过你也要避免过于专注和封闭，以免错失其他良机。一定要小心，不要成为非注意盲视（inattentional blindness）的受害者。针对这一现象，丹尼尔·西蒙斯（Daniel Simons）和克里斯托弗·查布里斯（Christopher Chabris）在 1999 年做过一项著名的研究。为了证明人们专注于一件事情时会屏蔽掉其他事物，研究人员找来一组成年人，让他们观察两支队伍在临时篮球场上互相传球。他们的任务很简单，只需记住身穿白色球衣的队伍传了多少次球，并忽略穿黑色球衣的球队的传球次数。参与者们兴致勃勃地开始工作，勤勤恳恳地计数。实验过程中，有个人打扮成大猩猩进入球场，还拍打了自己的胸膛，但参与者们根本没看到这个人，因为他们的注意力都在球员身上。是的，你没看错，他们没看到那只“大猩猩”！参与者们因为精神高度集中，错过了这个奇妙的景象。

为了避免出现非注意盲视，进而错失良机，你需要每个月抽出一些时间来重新审视自己的目标，以评估那些出现在你面前的新机会，它们可能会改变你的计划或给你带来新的体验。

见解 5：意义就是动力

“我打算学习计算机科学。”一旦下定决心，我就不怎么关注自己进入大学后具体会学些什么了。我的亲朋好友，甚至有过一面之缘的陌生人知道后都很惊讶，非常不理解我为何会做出这一决定。当时的我并不知道这门学科的男女比例是 95 : 5，对这个专业的毕业生具体能从事哪些工作就更不了解了。坦白说，我在寄出决定自己未来 4 年命运的申请表时，还以为 Java 是一门外语。

不过，我至少终于有了目标。尽管我完全不了解计算机科学有哪些课程，但这个目标本身就有着影响全局的意义。我意识到技术正在通过创造对社会有益的产品来塑造世界。我想参与技术开发，让世界变得更美好。我想开发能让人们过上美好生活、让教育普及开来的技术。

你在第 1 章中选出了实现远大目标所需参与的活动，也就是我们所说的小步骤。这些小步骤能让你变成“进阶版自己”，你已经明确了它们的意义，自然也就赋予了它们目的。

不过，你的目标能否服务于更重大的使命呢？你正在追逐的远大目标与自己的核心价值观相一致吗？你计划从事的工作将为世界带来什么附加值呢？

确认了这一附加值，你就能将与自己要实现的目标的总体意义相关的小步骤连起来，并在精力不济时获得持续不断的激励。你可以把这些小步骤和它们所耗费的时间看作一个生产过程，最终会生产出一个有重要意义的产品。当你感到绝望时，请记得提醒自己这一点。

为什么确认目标的意义往往能让你坚持下去？因为已有充分证据证明，当你确认了一个目标是有意义的，你就会为实现它付出更多的努力。[14] 因此，你要相信“进阶版自己”是有意义的，也就是你的远大目标是有意义的，这将大大提升你完成计划的可能性。[15] 确认目标的意义还可以鼓舞你的士气，让你坚持完成那些小步骤。此外，找到日常活动（那些小步骤）的意义还能提升你的幸福感，让你充满动力，[16] 甚至能减轻你的压力，让你对生活充满希望。

那你该如何找出自己的远大目标背后的意义呢？你可以从你希望“进阶版自己”从事的工作入手，重点关注与该工作相关的事情。[17] 问问自己，你是否认为自己未来的职业会：

- 让你感到快乐、满足和（或）自豪。
- 在创造即时收益之余带来积极的涟漪效应（ripple effect）①，从而惠及社区，甚至全人类。

第一点关注的是“进阶版自己”的工作对你个人的意义。能让我们感到快乐、满足或自豪的东西有很多，比如成长机会、尊重、与他人的联系、无私、成功、创造力和地位。第二点关注的是这份工作对外界的意义。例如，“进阶版自己”可以赋权他人，设身处地地为他人着想，给他人带去安全感，让他人的生活更美好，为他人创造就业机会，照顾他人，或者教导他人。

你需要抽出一点时间，从这两个方面找出你为“进阶版自己”所选的工作背后的意义。明确了意义之后，你就要列出自己现有的技能或者正在为“进阶版自己”培养的技能，并从中找出有助于你做好这项有意义的工

① 涟漪效应是指一个事物造成的影响渐渐扩散的情形。——编者注

作的技能。这一练习能帮助你挖掘真实感和自我效能感，让“进阶版自己”从事的工作更有意义。当你意识到自己现有的或正在培养的技能可以让你完成这项有意义的工作，让你和（或）其他人直接受益，你就会产生真实感。深入理解拥有这些技能的意义，则能够提升自我效能感。

我建议你定期重复这个练习，可以是在每天的固定时间，这能在你实现远大目标的过程中突显出你为之努力之事的意义。

> **把你自己以及独特的技能与工作的意义联系起来，这可以增强你的内在动力，激励你坚持完成计划中的每个小步骤。**

认真完成这个简单的思维练习，你甚至有动力去做那些令你不太愉快的日常工作。

2019 年，我与阿尔贝托·萨拉莫内（Alberto Salamone）在美国一家制造企业做了一项现场实验。该实验证明，找到工作的意义可以提升工作效率，哪怕这些工作极其枯燥乏味。我们研究的工人从事的是重复性很高的工作，包括这些工人在内的大多数人都认为这些工作枯燥乏味。

我们随机挑选了一天，在工人们工作的生产车间张贴海报，让他们意识到自己所做的工作的意义和重要性。每张海报由三部分构成：第一部分认可他们的技能；第二部分强调他们生产的产品用途广泛，以该实验为例，我们提醒工人们，他们生产的灯可以让人们在穿越铁轨或开车行驶在路上时更安全；第三部分是将产品的益处与活生生的人关联起来，我们将得到安全保护的人的脸也印在了海报上。

研究表明，通过这三个部分突出工作的意义，能极大地增强这些工人的内在动力，他们工作的时间变长了，缺勤的天数变少了。在缺乏动力时，你可以在脑海中勾勒出那些将从你未来的工作中受益的人，他们可能是你教导的孩子，可能是因你的服务而过得更好的消费者，可能是在你的英明领导下迅速成长的下属，也可能是因你更好地平衡了工作与生活而获益的家人。如果你想为了自己的远大目标全力以赴，你甚至可以自己设计一张海报，并把它贴在显眼处！

见解 6：能衡量的事情更容易完成

回到 1997 年 4 月，在结束一天的学习后，我会从墙上取下学习计划表，划掉已经完成的任务，这样我就能清楚地知道自己在这一天实际做了哪些事情。在距离毕业考试还剩不到 5 周时，我发现自己的计划有了明显改善。当时的我对计划谬误这一认知陷阱一无所知，甚至没有听说过这个术语，但这一简单的自我评估过程就直接暴露出了该认知陷阱，我发现自己为了完成计划好的任务，自动增加了学习某些科目的时间。

“进阶版自己”是你运用远见思维构想出来的。你所选择的活动必须成为你日常生活的一部分，否则你的抱负就无法实现。为了尽可能定期完成这些小步骤，你必须提前做好计划，这一点至关重要。更重要的是事后反思，根据计划评估自己的实际完成度，这有助于你更好地规划未来，也能确保你对自己负责。

那么，如何将事后反思纳入计划呢？你已经在每周一列出了本周要参与的活动，这让你的计划变得清晰明了。你还可以在这张表中添加你希望在每项活动中达到的目标。例如，你打算写一份 10 000 字的提案，为此，你计划在周一晚上 8 点到 11 点这 3 个小时内完成 2 000 字。当你完成这一写作任务后，你可以进行事后反思，记下实际用时和实际完成字数。

请注意，我在计算完成度时不仅考虑了字数，还考虑了用时。为什么？因为字数是衡量你朝着目标前进了多少的一个明显的指标，它还能清晰地展示出你的真实工作进度，而知晓了进度，你就能提升自己的工作效率。[18] 对于一份 10 000 字的提案，一旦写到 5 000 字，你就知道这个任务已经完成一半了。

这种监控方式适用于各类任务，例如：

- 为你的外卖业务争取新客户。记下你发了多少封电子邮件、打了多少通电话，并持续跟进，定期将这一数字与你计划完成的数量进行对比。
- 从事与小企业相关的管理工作，比如纳税申报、费用报销和工资支付。制订计划时列出一份任务清单，每天集中精力完成一定数量的任务，一边推进工作，一边划掉已经完成的部分。

其他的任务以此类推即可。

总之，只要接受并践行能衡量的事情更容易完成这一理念，你的进度就不至于在你不知情的情况下落后太多。

对于还需要“胡萝卜”来激励自己的人，其实可以将“胡萝卜”加入到事后反思之中。具体怎么做呢？在成果大大超过计划时就奖励自己。例如，你发现自己这周的写作任务超额完成了 2 000 字，那就可以奖励自己休息一个晚上，去做那些能给你带来即时满足的事情，这时的你会很放松，因为你知道自己并没有耽误正事。

见解 7：结果 = 运气 + 努力

毕业考试终于来临，我有一门考得非常糟糕，那就是英语。

我大声辩解："妈妈，这不是我的错。我怎么知道关于《李尔王》的那道题占了那么多分？我只是运气不好。"

其实，我不是运气不好，因为所有人都知道《李尔王》是必考点。我就是准备不足。更为伤人的是，那道题问的是《李尔王》的结局是否可以被视为悲剧。

在迈向远大目标的过程中，你会遇到一些重大事件，比如接受采访、公开演讲、向投资者推销自己的创意、评估你为世界所做的贡献等。有些会很顺利，有些则不会。无论结果好坏，你都要弄清楚导致这个结果的主要是运气还是努力，这样一来，你就能在经历一个又一个重大事件的过程中持续学习，不断进步。

我曾建议你对每天完成的小步骤进行事后反思，诚实面对自己是否做出努力的事实。现在，我建议你对重大事件进行事后反思，根据实际情况评估你的努力是否是你前进（或跌倒）的真正原因。

只要你能够诚实地面对自己，认真进行事后反思，找出自己未能解决某一重大问题或没有主动争取某个机会的原因，就能在下一次遇到类似的情况时从容应对。上学那会儿，我就没能做到诚实地面对自己。我明明知道《李尔王》是重要考点，学校给出的备考题必然是经过精心设计，且与最终的考题相类似的。如果认真进行事后反思，我会得出这样的结论：我之所以考得这么差，不是因为运气不好，而是因为不够努力。这样一来，我就会在面对下一次应试考试时做好准备。

> **请记住，所有事情的结果都是努力和运气共同的产物。**

你的婚姻状况、孩子数量、收入高低，以及你目前的谋生手段都取决于你的运气加努力，只是二者的比例不尽相同。运气是随机的，基本不受你的控制，讲究的是天时地利。在谈论运气时，我喜欢将公平的运气（比如中彩票）与特权赋予的运气（比如生于富裕家庭）区分开。不过，在进行事后反思时，你可以将运气与特权结合起来，毕竟特权与运气一样，都由不得你自己选择。

当你取得重大胜利、遭遇失败或获得意料之外的机遇时，你都应该进行事后反思。在针对这类重大事件进行事后反思时要谨记一点，你取得成功可能主要是因为运气好，同样，你惨遭失败可能主要是因为运气不好。请将这类事后反思视为反思自己的决策与努力，以及它们是如何让你获得机遇和成功的好时机。这类事后反思也是学习的好时机，而非自怨自艾或沾沾自喜的时候。

你可以用表 2-2 这个模板对重大事件进行事后反思。

表 2-2　事后反思模板

重大事件： 结果：		
做了什么决策？	哪里做对了？	哪里做错了？
1.		
2.		
3.		
4.		
5.		

想一想最近一次影响你的重大事件是什么。我所说的重大事件可以是任何事情，比如参加学校组织的考试、发布你苦心研发的产品或参加面试。你若愿意，甚至可以把工作以外的事情纳入考虑范围。

请将你想到的重大事件及其结果填入表格最上方，并在下方的空格中写下影响了该重大事件成败的各种决策。请注意，我留下了五个决策的位置，旨在鼓励你认真反思所有对最终结果产生影响的决策。通常来说，人们会试图把重大事件的结果归功于或归咎于一到两项关键决策，但真实情况鲜少如此。逼自己一把，找出至少五个决策，然后仔细分析一下，看看每个决策哪里做对了、哪里做错了。

这样做为何有用？

> **你要根据决策的质量而非结果的质量来判断自己是否取得了进步，这一点至关重要。**

毕竟结果等于运气加努力。在分析“哪里做对了”和“哪里做错了”时，你必然会发现运气的成分。例如，你决定只复习一小部分知识点，而它们恰好出现在了考试中。这是你在老师的指导下、综合各种信息做出的明智决策，还是为了偷懒的冒险一试？再如，在发布新产品前，你只让千禧一代的用户参与了产品测试。这是战略决策，还是你主动放弃了很大一部分用户？

在对重大事件进行事后反思时，你可以问问自己，这个结果（无论好坏）是否来自你有目的性的行动。如果你现在的成功来自好运，那你无法保证自己一直这么幸运。你应该竭尽全力利用好这一运势，但不要指望它对你的未来有任何助益。例如，你通过投标争取到了一个特约项目，建议你评估一下自己在投标时所付出的努力，并尽可能从新客户那里了解一下对方究竟被标书中的哪一部分打动了。你或许能从中了解到，自己需要投入多少准备时间才能在最大程度上提高成功率。你还可以借此机会确认，在自己的产品或服务的一众属性中，哪些是帮助你争取到新客户的“大功臣”，哪些又未能得到重视。在此过程中，你或许还能发现标书中的不足，哪怕这一次投标成功了。你或许会发现，你在撰写标书时陷入了计划谬误的陷阱，为了按时完成不得不熬了好几个通宵。你或许会发现自己的投标盲点，比如无意中排除了一些目标客户。你或许会发现投标这种方式极其耗时，尽管现在能给你带来收益，却不能很好地服务于你的长期目标。

你若投标失败，事后反思的流程也是一样的。你要反思，你在撰写标书时是否真的投入了尽可能多的时间。你还要尽可能从拒绝你的客户那里了解自己投标失败的原因。就算得不到客户的反馈，你也可以重读自己的标书，积极反思你是否尽你所能让这份标书尽善尽美，或者其中有没有哪一部分对投标结果产生了明显的负面影响，比如你的报价是不是太高了？

可能还有一种情况，那就是你重读标书时仍然觉得自己写得好极了。那这次失利可能真的只是你运气不好。不过，你不要总是将自己的失败归咎于世界的不公，尤其是在同样的问题反复出现时，这一点非常重要。与其将自己的失败归咎于外因，不如从失败中吸取经验和教训，并尽可能多地搜集有用的信息。建议你主动利用表 2-2 的模板列出你为了成功所付出的努力，以及令你的努力付诸东流的原因。这一过程能够防止你只以成功论自己，毕竟你的成功也有运气的成分。遭遇失败时，学习和反思能为你提供一线希望，帮助你坚持下去。

在迈向远大目标的过程中，你会遇到许多需要主动争取机会的情况，且必须为之付出时间与努力。这类情况可以涵盖一切，比如求职面试、公开演讲、文章写作、向潜在投资者推介自己的产品或服务、外语口试、主持会议，甚至是竞选公职。无论面对何种情况，使用表 2-2 的模板进行事后反思总归是对你有益的。此外，你在参与活动之前就要明确何为“好的结果”，这将有助于你进行事后反思。如果你是要投标竞争一个特约项目，何为“好的结果”一目了然，但你若是要公开演讲或主持会议，那何为“好的结果”呢？你会如何定义成功呢？清楚何为“好的结果”，你才能在活动结束后更好地进行事后反思，才能明确地知道自己是否获得了“好的结果”。

见解 8：管理好自己的情绪

我在复习数学时抱怨道：“我或许应该彻底放弃上大学的念头。我受够了。我讨厌数学。”这时，母亲恰巧在隔壁房间叠刚烘干的衣服。她知道我的英语考砸了，不希望这次失利引发我的负面情绪反应，以免对我的未来产生影响，于是立即到我房间来安慰我。

“格蕾丝，你为何不利用今晚剩余的时间好好休息一下呢？这段时间你很用功，是时候看部电影放松一下了。”

在漫长的一生中，你会做出一些重大决策和众多小的决策。小的决策类似决定是否每天都参与某一活动；重大决策类似决定究竟要参与什么活动，究竟要为了什么远大目标而奋斗。这些大大小小的决策将共同决定你能否成功。

作为一名青少年，我在备战毕业考试（我参与的活动）的过程中遭受的挫折可能会产生连锁反应，不利于我实现更远大、风险更高的目标，也即考上大学，毕竟数学成绩要非常好才能考上计算机科学这个专业！母亲明白情绪会影响决策，她果断采取行动，不让“数学也可能考砸”所催生的情绪反应影响我的重大决策，即是否要上大学。母亲还努力让我明白一个事实，即我当下感受到的沮丧只是暂时的，可能明天就消失了。

> **请谨记，情绪会对你的决策产生重大影响，无论决策大小。**

当你打算放弃或开始做一些对远大目标有重大影响的事情时，你一定要谨记这一点。当你越来越频繁地缺席本应定期参与的活动时，谨记这一点也能帮助你回到正轨。你应该有意识地去探究自己所做的决策背后的情绪因素。你缺席活动是因为害怕失败，还是因为学习新技能太难，你不想体会挫败的感觉？

你的远大计划雄心勃勃，有时你会产生力有未逮之感。这很正常。如果这么容易，那人人都能实现自己的目标了。要相信，无论你当下是什么感受，是对失败的恐惧，还是对进展不顺的沮丧，它们都是暂时的，你要做的就是坚持下去。

2007 年，保罗·斯洛维奇（Paul Slovic）及其同事证明了情绪反应会影响人们的表现及决策。有两种情绪会干扰我们。第一种是与手头的任务密不可分的情绪。例如，在面试、公开演讲或重要的推介活动之前，你可能会感到恐惧，这很正常，这种恐惧会引发情绪反应，进而影响你的表现。第二种是所谓的附带情绪，这种情绪是由其他事情引发的，比如与讨厌的同事打交道、照顾生病的亲人或为个人债务发愁，这些也会影响你的表现。[19] 情商越高的人越擅长处理这两种情绪反应，而情商是一种可习得也值得培养的技能。（我们将在后记中深入探讨如何培养复原力，如何处理情绪反应。）

截至目前，我们讨论的重点是什么？在做决策时要管理好自己的情绪，不要在仓促之下做出重大决策。

当行为受情绪左右时，行为科学称之为情感启发式（affect heuristic）。这种心与脑的相互影响可能让你产生一种倾向，即在评估为实现“进阶版自己”所需参与的活动时，你可能会对完成自己感兴趣的活动过于乐观，而忽视那些不感兴趣的活动。面对任何机会都先问问自己，你的反应是积极的还是消极的，并探究这一反应是否受情绪驱动。当陌生人或与你相处不融洽的人为你提供机会时，你可能会本能地拒绝。相反，对于与你相处愉快的人，你可能会将宝贵的时间花在与他们的合作上，哪怕这些项目无法充分发挥你的才能。

在为实现远大目标所需的小步骤分配时间时，你也有可能因情绪影响而判断失误。虽然所有的小步骤都是必需的，但它们能给你带来的愉悦感是不同的。例如，在“进阶版自己”必须具备的两项技能中，你可能会在磨炼简单技能的那些小步骤上投入过多时间。这一决策可能就是受情绪反应驱使的。在参与很艰难或不愉快的活动时，没有人会自我感觉良好。

这个问题该怎么解决呢？提醒自己，你在参与特定活动时产生的情绪只是一时的，待你达到了一定的熟练程度，这种情绪自然会消失。你可以先参与 10 次你认为很难的活动，然后评估不愉快的情绪是否已经随着时间消失了。

> **在做出事关人生的重大决策时，你应该保持头脑冷静。**

举个例子，当有人令你难堪时，你要花点时间让自己冷静下来。对一些人来说，这段时间可以用来列出各种解决方法的成本、收益与风险。在此过程中，他们会尽可能考虑到各种方法的利弊与风险，因此也能更接近理性决策。对另一些人来说，仅是冷静片刻就足以避免冲动决策，进而更加确信自己的选择。如果是面对他人的求婚，这种做法或许不是最浪漫的，但在远见思维之旅中，它有助于你做出在事后反思时令你更满意的决策！

最重要的小贴士：写日记有助于决策

经常写日记能让你更加关注情绪对你是否参与活动，以及如何应对重大机遇的影响。请谨记，当你生气、激动、饥饿、沮丧、厌恶、恐惧、兴奋或产生其他强烈情绪时，永远不要做出会影响“进阶版自己”的决策。你当然可以激动地与他人探讨各种选择，但在做出决策前，请留出一些时间让自己冷静下来。

在被他人激怒时不要立刻回应，无论是当面，还是通过电子邮件或电话，这是我的经验之谈。你要给自己一些时间去消除情绪反应，再克制、冷静地做出回应。千万不要让自己被别有用心之人激怒。

见解 9：没做完并不等于什么都没做

回到 1997 年 6 月的爱尔兰，毕业考试几乎持续了整整一个月。一开始，考试排得很密，快结束时，两场考试之间的间隔能有一周之久。我有了 8 天的空当，这 8 天的主要目标就是刻苦复习最后一科。不过，我很快就发现自己越来越沮丧，开始心不在焉和无休止拖延。到了第三天，我沮丧地盯着自己迟迟未能推进的进度，把指甲和铅笔都咬了个遍。

当我颓丧地告诉母亲我的化学复习计划只完成了一半时，她劝我说：“格蕾丝，一件事没做完并不等于什么都没做。有时候，只要你做了，有所进步，哪怕只完成了计划的一半，也是值得开心的。”

一些人在起步阶段就会受挫，尽管制订了实施小步骤的计划，但尝试了一周又一周，总是无法完成计划。出现这种情况的原因主要有两点：

第一，你可能高估了自己，沦为了计划谬误的受害者。你以为自己可以在给定时间内完成的工作量远远超出了你的能力，此时，你可能需要检查一下你的换算系数。

第二，在该开始完成小步骤时，或许你尚未进入工作状态（注意我说的是“尚未”）。你还在走神、泡茶、给朋友发短信。参加社交活动时，你总是选择与认识多年的人聊天。你可能什么都做了，除了计划该做的事。

这个问题该如何解决呢？

也许你可以试一试应用折中效应（compromise effect）[20]，或许对你有用。我们制订计划时常常承诺将一件事彻底做完，然后从计划中将它划掉。不过，与其为其套上“要么做完，要么等于没做”的框架，不妨试一试设置低、中、高三档工作量，这样你就可以根据当天的状态来选择合适的目标。如果折中效应对你有用，你会发现自己大部分时候都能完成中等工作量。

最重要的小贴士：将折中效应融入日常活动

如何在日常活动中应用折中效应呢？我们沿用之前的例子，你要写一份烦人的 10 000 字提案。你周一的目标工作量可能是：

- 高——在晚上 8 点到 11 点这 3 个小时内写完 2 000 字。
- 中——在晚上 8 点 30 分到 10 点 30 分这 2 个

小时内写完 1 000 字。

- 低——在晚上 9 点 30 分到 10 点 30 分这 1 个小时内写完 500 字。

如果周一的你精疲力竭，就可以选择写 500 字或 1 000 字。不过，一旦开始工作，你或许能进入心流状态，最终完成 2 000 字。

见解 10：在每周计划中加入惩罚机制

“妈妈，这次我挺过来了，我太高兴了！如果我没能挺过来，就得把庆典日的门票拿给吉莉恩，那样我会非常伤心的。为了避免输掉门票，我逼自己坚持下去，完成所有学习计划。谢天谢地，这场赌局总算结束了，我再也不用担心输掉门票了。”

十几岁的格蕾丝踢掉鞋子，得意扬扬地坐下，看起了她最喜欢的情景喜剧。我可以去看当年最精彩的现场演出，而且毕业考试也结束了，那时的我一身轻松，只等着成绩公布了……

你可能每周都会制订下一周的活动计划，不过，就我大胆猜测，就算没有完成计划你也不会惩罚自己，最多有点自责。如果你擅长事后合理化，也就是擅长说服自己没有完成每日计划也没关系，那自责也不能让你回到正轨上来。不过，没能完成计划还是会让你很不开心，并会强化“你失败了”这一叙事。如果你明白我的意思，也许是时候在自己的每周计划中加入一根“大棒”作为承诺机制（commitment device）了。

> **在每周计划中加入惩罚机制意味着，如果你未能完成预定目标，就必须放弃一些实实在在的好处。**

加入惩罚机制是确保你按计划参与活动的有效措施，惩罚可以是让你痛失辛苦赚来的钱，也可以是放弃一些你期待已久的东西。它会把未完成活动的成本变成即时的。你的损失不再只是一个无法在5年后实现的目标，你现在就会损失金钱。

承诺机制带来的痛苦是即时的，它会让你“风险共担”。大量确凿的证据表明，承诺机制可以改变难以改变的行为。[21] 仅是预见到损失，你就会时刻谨记自己的目标。

最重要的小贴士：将承诺机制付诸实践

怎么做：承诺若未能完成某项活动就直接罚钱，或交出其他有价值的东西。

面向谁：对自己、朋友、家人、同事，或者在线上做出承诺。

失败的惩罚：按照承诺被罚钱或失去有价值的东西。具体实施时，你可以把它们捐给慈善机构，甚至用于你强烈反对的事情，例如，禁枪支持者可以承诺捐给美国全国步枪协会（National Rifle Association），反对狩猎者可以承诺捐给狩猎俱乐部。这可能比承诺捐给慈善机构更有效。为什么呢？因为将捐款用于你讨厌的事情意味着你的行为违背了你对自己的看法。你若这么做了，就会产生令你难以接受的心理成本，因此你的自我价值感会阻止你这么做。

线上资源：如果你对承诺机制感兴趣，推荐使用帮助计划制定及实行类的网站，你可以在该网站上签订承诺合同，以确保你认真完成自己的计划。在我撰写本书时，该网站已累积有近 50 万份承诺合同，承诺金额将近 5 000 万美元。你可以为自己设定一个目标，比如找一份新工作或者跑一场马拉松，然后决定若未能实现目标要罚多少钱。如果你确实需要一根在你没能兑现承诺时可以自动挥下的“大棒”，那么该网站可能就很适合你。

向你的目标迈进

重新平衡你的成本与收益，让它们发生在当下而不是未来，这是确保你执行计划中的活动、实现远大目标的关键。始终谨记，浪费时间的活动会拖垮你。这些活动现在可能很有趣，但它们会偷走你本可以用于实现“进阶版自己”的时间，让你付出惨痛的代价。

我们在本章中探讨并确定了该如何抽出时间，参与迈向“进阶版自己”的活动。回顾一下行为科学的 10 条见解，想一想你更愿意从哪一条开始践行。这些见解可以帮助你坚持到底，当你缺乏动力时，请务必回头重温一下。

现在让我们复习一下这 10 条见解：

见解 1：重新平衡即时成本与收益

你计划花在每个小步骤上的时间都会产生即时成本，却要在很久之后才能带来收益。在每一项任务中设置“胡萝卜”和“大棒”，这有助于你清楚地看到长期成本与即时收益。

见解 2：建立自信

自信是可以建立的，请花时间来培养它。在面对困难的任务时，你或许会对自己的能力产生怀疑，记得提醒自己，这种感觉是暂时的，只要你坚持完成那些小步骤，坚定地迈向远大目标，这种感觉迟早会消失。

见解 3：多给自己一点时间

将每项任务的计划时间乘以 1.5，在你认为自己所需的时间的基础上再给自己一点时间。

见解 4：定期重新审视你的远大目标

定期抽出一些时间来审视你的远大目标，确保其清晰明了。突显出你将时间投入于新任务可以带来的好处，这能帮助你坚持下去。

见解 5：意义就是动力

找到并时刻谨记“进阶版自己”所从事的工作的意义，这有助于你保持动力。

见解 6：能衡量的事情更容易完成

定期就承诺参与的活动进行事后反思，这有助于你评估并找出阻碍你前进的障碍。

见解 7：结果 = 运气 + 努力

在反思任务进展和自己成功与否时，要考虑产生这个结果的主要原因是运气还是努力，这可以让你清楚地看到哪些结果主要缘于你的决策，哪些结果主要缘于不受你控制的其他因素。

见解 8：管理好自己的情绪

在做会对远大目标产生重大影响的决策时，不要受一时情绪的影响，而要始终保持头脑冷静。只有头脑冷静，你才有可能准确地评估长期的成本、收益与风险。

见解 9：没做完并不等于什么都没做

建议你为计划完成的任务设置高、中、低三档工作量，如此一来，你就可以在任务开始时根据当天的状态选择最适合自己的一档工作量，并将之完成。有进展总比没进展好。

见解 10：在每周计划中加入惩罚机制

如果小的“胡萝卜”与“大棒”已经无法让你坚持计划，那就考虑使用惩罚更严厉的承诺机制，这些惩罚可以是损失你辛苦赚来的钱或其他有价值的东西。

为便于你践行这 10 条见解，建议先择其一，从看上去最简单、最有吸引力的那条见解开始，注意观察这一见解为你按时完成计划中的活动带来的助益。如果一周后你发现它对自己没有任何帮助，那就放弃它，重新选择一条。如果它对你有用，那就继续坚持，并在你的试用计划中新增一条见解。这些见解并不互斥。你可以通过反复试错来建立自己的工具库，它们能帮助你提高工作效率，让你坚持走在通往成功的道路上。

我确信，只要坚持这一策略，你按时完成小步骤、实现远大目标的可能性都将大大提升。我的信心不仅源自大量的行为科学研究成果，也源自我个人的生活与学习经历。

在我十几岁时，母亲一直激励着我，她无意中运用了行为科学的许多见解，帮助我考上了大学。尽管我的固有倾向是偏好今天的快乐而非明天的满足，但母亲的帮助大大降低了我实现远大目标的难度。

时至今日，我依旧本能地更偏好今天的快乐而非远大的目标。我是如何克服这一心理局限性的？就是用我在本章中向你展示的方法。我从行为科学的研究成果中提炼出了一些见解，并在自己身上逐一试用。试用一周后，我会评估自己做出的改变是否对我的行为产生了积极影响。若有，就继续坚持；若没有，就尝试别的。就这么简单！

我就是一个活生生的例子，我用自己做实验来告诉你，这个方法对我有效。它既然能够帮到我，自然也能够帮到你！

祝你自我干预顺利！

在进入下一章之前，请确保你已经： THINK BIG

- 完成时间审查，找出了你可以摆脱的浪费时间的活动。
- 从行为科学的上述见解中选出一条，从明天开始付诸实践。

THINK BIG

本章提到的 5 个绝妙的行为科学概念

1. “胡萝卜”加“大棒”：用以引发行为改变的奖励与惩罚。
2. 计划谬误：人们的一种倾向，即低估自己完成一项活动所需的时间，即使知道自己在完成类似的活动时曾超时。
3. 情感启发式：一种心理捷径，它会导致人们在受当前情绪影响时仓促采取行动或做出决定。
4. 折中效应：做决定时，人们会倾向于避开极端选择。
5. 承诺机制：用现在许下的承诺改变未来做出的决策的成本与收益。

第3章

方法 3: 克服认知偏差，向内审视自己

1997 年 9 月，我成功考上大学，开始学习计算机科学。那段时间家里总是吵吵闹闹的，对于最小的孩子即将离开家去上大学，母亲时而非常自豪，满口庆贺，时而无比悲伤，哀叹不已。

在我就读的高中，鲜少有女生能考上大学，因此没人告诉我，女生考上大学后一般不会修读科学、技术或工程类专业。没人跟我提过这个说法，我也就从未在意过。其实，我从未仔细想过计算机科学家应该是什么样子，也没有注意到那些在硅谷工作且被我视为榜样的人都是男性。在一个阴雨绵绵的周一，我于上午 9 点第一次踏入了上 Java 编程课的教室，里面坐着 150 多名学生，而女生不足 10 人。这本应令我十分惊讶，我说的是本应，因为我再一次忽略了性别问题。

我不知道那些刻板印象，这对我来说是一件好事。这些社会刻板印象往往决定着我们对未来的期待，而它们与我们的技能、才华或偏好几乎毫不相关。

换言之，人们经常告诉女孩，她们不会喜欢也并不擅长计算机科学，哪怕并无证据表明女孩确实没有男孩适合学习计算机科学，但同样的话听多了，她们也就信了。唉……

正确认识偏差

我们已经探讨了对即时满足的渴望是如何阻止你实现远大目标的。其实，还有大量的认知偏差也可能诱使你偏离轨道，下面就让我们探究一下其中的原理。

> **认知偏差是大脑在试图简化世界、快速决策时所犯的思维错误。**

在这些偏差中，有一些源自我们对过往事件的错误记忆，另一些则源自我们自身有限的注意力，即我们只能关注到身边发生的一些事情。

认知偏差会阻碍你前进，阻止你完成向目标迈进所需的小步骤，从而影响你实现“进阶版自己”。无论我们承认与否，世人皆有偏差这个事实都不会改变，我们的经历一直在塑造着我们的世界观。在我成长的那个年代，许多女孩因刻板印象偏差（stereotype bias）而避开了科学、技术与工程类专业。我们在第 1 章中讨论过如何为实现远大目标制订计划，认知偏差会对计划的制订产生决定性影响，因此很值得讨论。请记住，你的认知偏差是你自身的偏差，它们不同于会阻碍你前进的他人的偏差。我们将在第 4 章探讨他人的偏差，现在先让我们重点关注你自身的偏差。

在听到认知偏差正在阻碍你前进的观点时，如果你忍不住翻起了白眼，不屑地想："我没有任何偏差，我看到的世界就是真实的世界。"那你恐怕错了。你会翻白眼，很可能就是受自身偏差盲点（bias blind spot）的驱动！[1]

偏差盲点指的是，人们倾向于认为自己受偏差的影响比别人小。在受偏差盲点影响的人眼中，认知偏差只存在于他人身上，自己没有这种偏差。有意思的是，如果本书激发了你对行为科学的兴趣，反而有可能增加你成为偏差盲点受害者的可能性。在深入了解了偏差对人们日常决策的影响后，你很容易误以为自己再也不会被那些偏差影响。千万不要落入这个陷阱！

如果偏差那么容易发现，那在它们阻碍你进步时克服它们为何又那么难呢？许多偏差都源自系统 1，也就是你的快速大脑，它掌控的是你的潜意识。因此，我们虽然很容易理解世人皆有偏差，却难以阻止自己产生偏差。

幸运的是，我们重新编写大脑"程序"以避免偏差虽然很难，但并非绝无可能。在做出重大决定或迈向远大目标时，我们应该努力识别并克服偏差。行为科学指出，人们只要承认认知偏差的存在，仔细识别它们，有意识地避开它们，就可以在关键时刻摆脱它们。

行为科学见解

本章不仅会关注你的远大计划中最有可能受认知偏差影响的部分，还会提供行为科学方面的见解，帮助你削弱认知偏差的影响。对于这些见解，你可以全然接受，也可以选出有助于你实现远大目标的那些。我唯一的要求是，你一旦选出了自己想要践行的见解，务必仔细观察它们是否真的对你的远见思维之旅有所助益。

见解 1：社交圈与影响你的人存在的偏差

时间回到 1998 年，我还在专心致志地学习计算机科学，兴致勃勃地完成 Java 编程课的作业。每次作业都是先由教授给出项目构想，再由我们通过编程实现构想。我取得了许多成果，比如简单的游戏和自动照明系统。我们会有固定的实验课，每次 2 个小时，用以学习必需的知识。为了确保自己的项目不会出错，我经常要花上好几个小时的时间来掌握这些知识。第一学期期中前后，我在某次下课后拦住了教授，寻求他的帮助。我知道自己编写的代码有问题，但不知道问题出在哪儿。我们探讨了一个多小时，但他并未帮我找到解决办法。为了缓解尴尬，我问了一个看似天真的问题。

“在您看来，计算机科学领域女性太少是一个值得担忧的问题吗？毕竟这是能决定未来新兴技术类型的领域……”我看到教授的眉头皱了起来，便越来越小声，最后闭了嘴。就在这一刻，计算机又报了一个错。

我曾在第 1 章中建议你走出现有的圈子，去认识一些可以指导你并为你提供新机会的人。你还找出了 3 个人，他们是你在未来 3 个月里要见的人。

现在，请回顾一下那份名单，在每个人的名字旁边写下此人的性别、年龄、种族、出生国和接受教育的地方。如果你不知道，就写下你认为最有可能的答案。他们是否有许多相似的特征？若是如此，那你可能已经受到刻板印象偏差的影响了。对于谁是能推动你前进的人，你可能已经有某种（错误的）认知，这种认知会促使你寻找与你的刻板印象相符的人，进而寻求他们的帮助。常见的刻板印象包括将创业精神与男性特质联系在一起，将习得新技术与年轻联系在一起，以及将与护理相关的职业与女性联系在一起。

那份名单上的人可能与你也有很多相似之处。思考一下你身上有哪些显著特征，将你认为能决定你身份的那些写下来，并将它们与名单上那些人的特征进行比较。我找来我的朋友埃丽卡，一起做了这个思想实验。埃丽卡 30 多岁，从事零售行业，虽然已经跻身管理层，但雄心勃勃的她希望继续晋升。她的名单上全是与她年龄相仿的零售业从业者，且都是久居中层、未能继续晋升的女性。这些人虽然在教育背景和种族方面略有不同，但都有孩子，准确地说是都有两个孩子。你猜怎么着？埃丽卡也有两个孩子。

这些选择背后隐藏着埃丽卡的个人需求，她认为职场妈妈很辛苦，而且已经辛苦到让她无法满怀热情地追求“进阶版自己”了，她需要有人来证实她的想法是对的。就某种程度而言，埃丽卡是对的。兼顾工作与孩子本就很难，对女性来说更是难上加难。然而，这种策略并不能帮助埃丽卡拓展社交圈，反而会大大增强她的证实偏差，最终让她的努力沦为浪费时间的活动。我并不是说这些女性全都无法为埃丽卡提供有价值的建议，但她们的观点会有很多相同之处。因此，埃丽卡应该将名单上的一些人换掉，以使选择多样化。

现在，让我们转向相似性偏差（similarity bias）。相似性偏差指的是，我们倾向于结交与自己相似的人。我们非常享受与自己为伴，所以也想从他人身上寻找这种感觉。这些人往往与我们持有相似的观点，更容易证实我们的想法很了不起，换言之，更容易让我们受证实偏差影响。一群相似的人也可能给你带来挑战，但挑战的方式大致相同。如果这群人有钱有势，可以雇用你参与你想参与的活动，那这样选人或许对你很有帮助。不过，你若想实现个人成长，我建议你重新考虑自己想结交或寻求建议的对象。

> **向不同背景、不同阅历的人寻求反馈是实现快速成长的一种简单方法。**

为什么呢？因为思维模式不同的人会给你不同类型的建议。如果你正在创业，会只想要一种类型的客户吗？如果你正在设计新产品，是否考虑到男女需求的不同？如果你正在写一篇文章，是只希望20多岁的人看，还是希望年龄更大的人也能看看？如果你正在谋求晋升，会只想得到某一类同事的支持吗？无论你现在正在做什么，你都应该以尽可能开放的心态去面对所有机会。

为何多样化的团队更擅长解决问题，更擅长预测未来，更具创新性？[2] 原因很简单，这些成员生活经历不同、掌握的技能不同、知识储备不同，他们的思维模式和想法自然也不尽相同。因此，相较于由相同的背景、技能和知识储备的人组成的团队，多样化的团队取得进展的速度要快得多。建议你重新评估你所选的那些能影响你的人，避免出现相似性偏差与证实偏差。评估后若有必要，可以调整人员名单，这样你才能听到有别于自己，也有别于其他会对你产生影响的人的观点，从而提升你走向成功的可能性。

根据我的观察，好的老板总是愿意雇用比自己优秀的人。这个观念很棒，原因有二：第一，这能直接拉高团队的平均工作效率；第二，一个表现出色的员工能激励其他员工提升自己的能力。不过，许多老板并不会这么做。为什么呢？因为自负会让他们希望与那些和自己相似或不如自己的人共事。在拓展社交圈时，你千万不要掉入自负陷阱。请记住，你正处于学习阶段，结交远比你见多识广、远比你能干者有助于你获取所需的专业知识与技能。

已有大量证据表明，我们与什么样的人结交会决定我们表现的好坏。2009 年，亚历山大·马斯（Alexandre Mas）和恩里克·莫雷迪（Enrico Moretti）做了一项研究，研究对象是美国一家连锁超市的收银员。他们获得了确凿的证据，证明了人们会根据共事者的表现改变自己的努力程度。他们还发现，当一名工作效率高于平均水平的员工开始轮班时，其他员工的努力程度会提高 1%，前提是后者能看到前者工作。在该项研究中，工作效率被定义为每秒扫描的商品数量。

> **想一想你周围的榜样与同辈。**

这一步很重要，原因有二。

第一，你周围的人很有可能会与你分享他们的知识，所以你要设法找到比你能干或者与你的知识储备不同的人，这很重要。请务必小心，千万不要让自己成为你所在的圈子里最聪明的人。如果你是，那你很可能难以取得很大的进步。

第二，你很可能会下意识地模仿周围人的行为。你会在他们身上看到新的行为规范，这会让你养成新的习惯。[3]

对于收银员工作效率提高的原因，马斯和莫雷迪给出的一种解释是社会压力。社会压力会催生新的标准，促使人们改变自己的行为。这就好比你将孩子放到全是比他优秀的人的班级里，他的表现会更好一样。同理，如果周围的人都爱锻炼，你定期进行锻炼的可能性也会更大；如果你环顾四周，发现同事们都不急着下班，你也会留下来加班。

我们喜欢效仿周围的人，但大多数时候我们并不会意识到这一点，只以为自己在为自己做事。找出那些会对你产生影响的社会规范，这是一项很有用的练习。和你一起度过大把闲暇时光的人表现出了什么样的行为标准？你们是一起参加有益个人成长的活动，还是将大部分时间耗费在电视机前或酒吧里？你们是支持彼此去实现自己的抱负，还是会心生嫉妒，使用卑鄙的手段与对方竞争？

> **周围的人甚至可以在我们毫无所知的情况下改变我们的行为与技能。**

我们是自己结交之人影响下的产物。我们会模仿自己所处的社交圈中的那些人，最终形成新的根深蒂固的习惯。当你重新评估未来 3 个月要联系的人员名单时，请务必记住这一点。

见解 2：你的远大目标选对了吗

大一时，我在一家女性时装零售店打工。我很喜欢这份工作，因为同事们都很棒。相较之下，我过去做的肉铺助手、服务员、杂货店收银员和私人助理等兼职就显得索然无味。大一结束后的那个暑假，我大学里的朋友们都到世界各地旅游去了，我却把兼职变成了全职，连没人愿意接的周末班和晚班都做。我在销售上花了很多心思，让顾客们觉得这是一家很不错的店。为此，我需要集中精力处理各种各样的事情，也获得了一种冥想式的平静感。

有一天，在帮忙整理库存时，我顿悟了。我意识到自己一点也不喜欢计算机科学。纵观我的一生，很少有比当时那一刻更清醒的时候。我突然明白过来，我走错了路！

此时此刻，你或许也在质疑自己定下的远大目标。若真是如此，我们就隔空碰个拳吧。你的质疑并不是全无道理，毕竟若是有一些认知偏差悄无声息地影响了你对想要结交之人的选择，难道它们会放过你对目标的选择吗？事实是，很可能不会。

好在若你仍然固执地追求这个目标，待将来回头看时，你仍会认为它是个不错的选择。这叫选择支持偏差（choice-supportive bias）。

> **在回顾自己所做的选择时，我们倾向于认为它们是正确的。**

我们并不知道选择支持偏差出现的原因，但直觉告诉我，它源自我们内心的一种需求，即对自己的行为问心无愧，无须在后悔中入眠。选择后合理化可以净化我们心中的许多罪过。因此，就算你对自己的目标很满意，也不妨检验一下它。

对于那些想多花一点时间来审视自己的远大目标的人，不要忽略以下偏差及其可能对你选择目标产生的影响。

第一个是不确定性效应（ambiguity effect）。回忆一下你当初选择这个远大目标的原因，这很值得反思。你是否只考虑了那些发展路径很明确的选项，而并未探索那些可能不太明确的发展路径？对于与可选选项相关的信息，你是否知之甚少？受不确定性效应的影响，在决定成为何种“进阶版自己”时，人们会选择成功的可能性已知的选项，放弃可能更好但成功的可能性不太确定的选项。

或者，你只是在效仿周围的人？你这样做是因为你真的想和他们做一样的事，还是源于从众效应（bandwagon effect）？从众效应会促使你跟随个人社交圈的大流，选择与大家相似的职业。很多子女会承父母之业，或者选择与父母的职业相似的工作，这并非巧合。[4] 如果你认识的某个人热爱自己的工作，并不代表你效仿此人之后也会喜欢这份工作。

建议你反思一下自己选择现在这份工作的原因。你每天的工作内容是什么，会让你疲惫不堪吗？对于工作中必须参加的活动，你真的乐在其中吗？我在伦敦政治经济学院遇到过许多讨厌学习经济学的本科生，他们之所以选择经济学专业，只是因为父母或老师曾告诉他们，学这个专业“以后能找到一份好工作”。他人口中的好工作意味着“工资高”或“铁饭碗”，而不是“非常快乐”。如今，人们的工作时长是有史以来最长的，因此，找到一份能从中获得快乐的工作至关重要。

另一种不可忽视的认知偏差是逆反偏差（reactance bias）。当我以批判的眼光回顾自己在工作与生活中做出的选择时，我发现这种偏差对我的影响无处不在。对本能地反感随大流的人来说，从众效应或许不会影响他们，但取而代之的是逆反偏差。

以我为例，当我有一个自认为很棒的想法，有些人好心地告诉我，这并不是最适合现在的我的选择时，逆反偏差就会发挥作用。结果如何呢？这些人越想劝我放弃这个选择，我就越不会如他们的意，反而更想将原本的想法付诸实践。值得注意的是，逆反偏差会促使人们更坚定地选择另一种观点，根本不顾该观点是否具有相对优势。2016 年，在为英国一艘极地考察船命名的投票中，“小舟 · 麦克船脸号”遥遥领先，获得了 124 109 票，这也可以用逆反偏差来解释。就你的远大目标而言，逆反偏差可能会促使你选择能证明你的观点的目标，而非与你的梦想相契合的目标。

最重要的小贴士：如何纠正影响目标设定的偏差

认真想一想你在第 1 章中定下的远大目标，以及实现该目标后你将会参与的活动。如果在退休之前你必须日复一日地参与这些活动，你会快乐吗？

如果你的答案是“会”，那就太棒了。

如果你的答案是“不会”，那就应该重读第 1 章，然后重新设定一个目标。

见解 3：正确面对损失厌恶

尽管我在 1998 年暑假就意识到了自己不适合继续学习计算机科学，但过了很久我才终于抽出时间告诉母亲我打算退学，转而做其他事情。这种沟通延迟的原因就是典型的损失厌恶（loss aversion）。

> **损失厌恶，更确切地说是我们对自己可能蒙受的损失的想象，有可能导致我们迟迟无法下定决心去做那些能推动自己前进的事情。**

例如，你的目标是升职，你设定的时间是5年。为何是"5"这个神奇的数字呢？为什么不是4年或者3年？你能重新评估一下促使你设定该时间的各种因素吗？

对大多数人来说，职场上的晋升标准都是"有噪声的"，这是经济学家的说法，意思是你很难说清究竟要满足哪些条件才能升职，自然也就无从得知自己是否满足这些条件。晋升标准的"噪声"越大，就越常出现一个现象，即一些人比预期更早升职，另一些人则比预期更晚升职。为什么呢？要想升职，你首先需要自荐。而你是否会积极自荐，则取决于你的风险厌恶（risk aversion）程度。

就大多数日常工作而言，你的风险厌恶程度并不会影响你的表现（除了负责打击犯罪、维护社区治安、保护民宅免遭火灾的那些人，或是在交易所不计后果地买入证券的那些家伙）。因此，你不太可能想到它会阻碍自己的职业发展。你同样不太可能想到的是，男性通常比女性更厌恶风险，受教育程度低的人比受教育程度高的人更厌恶风险，美国的少数族裔比白人更厌恶风险，穷人比富人更厌恶风险。[5] 换言之，对富有的、上过大学的白人男性来说，他们可以轻而易举地取得比他人更高的成就，而这只是因为就平均而言，他们尝试冒险的次数比其他人多，更敢于赌一把。这与技能或才华毫无关系，只能归结为个人对风险的适应程度。

风险厌恶也会影响人们可能申请的工作类型。招聘广告通常会列出一长串招聘要求，事实却是，招聘方很难评估申请者是否符合要求。那申请者如何知道自己是否符合要求呢？

主动参与竞争更多体现的是个人的自信程度和风险厌恶程度，而非工作能力。你想听点有趣的吗？能力与自信之间的相关性极低。2012 年，亚历山大·弗罗因德（Alexander Freund）和娜丁·卡斯滕（Nadine Kasten）做了一项研究，通过 150 多份有关自测智力（即一个人对自己的能力有多自信）与实际智力相关性的报告，估算出这两个变量的共性只有 10%。

那些更自信、更爱冒险的人勇于自荐是错的吗？最终的答案是“不是”。这个答案可能会令你不开心，但考虑到他们所面临的成本与收益，他们也只是选择了对自己最有利的做法。他们成功的概率为正，在成功的标准不明确的情况下，积极自荐的成功率（或可能性）都为正。这个概率可能很小，但至少是正的。不会因可能被拒绝的恐惧而畏缩不前的人，也有能力承受失败带来的打击。对于自己的专业知识与技能，他们甚至可能会极其兴奋地尝试给它们套上符合相应标准的陈述框架。对这类人来说，唯一的成本就是用于参与竞争的时间。只要这个成本够低，他们就会主动出击。归根结底，他们是那种时刻准备着参与竞争的人。

其他人为什么没有利用这一正的成功率呢？答案是，损失厌恶也是驱动风险厌恶的因素之一。大多数人都对损失而非收益更敏感。此外，风险厌恶还会受到预期损失厌恶（anticipatory loss aversion）的驱动，后者反映的是你预计自己在被拒绝后会感受到的痛苦程度。

> **预见失败本身就会让人深受打击。它的威力太过强大，一些人只是想到会失败就不敢踏出第一步。**

在风险厌恶、损失厌恶和自信不足的共同作用下，人们往往止步不前。女性往往比男性更厌恶损失，[6]虽然个中原因不明，但我有一个理论可以用来解释这一点，而这个理论与约会有关。传统上，大多数时候都是男孩紧张又忐忑地主动约女孩。因此，男孩们习惯了应对拒绝，他们渐渐意识到，被拒绝并没有想象中那么糟糕。这种经验会给他们带来一些意想不到的好处，让他们受益终身。

热爱冒险且十分自信的人不会在年纪尚轻时就放弃参与竞争，或减少参与竞争的次数。一些组织试图通过定期召开反馈会议的方式来规避这一问题，但在这些组织的高层领导中存在着大量这样的人，这表明这一方法并不完美。[7]当然，如果你是一名自由职业者或正在创业，你是享受不到来自人力资源部的保护的，对你来说这是奢望。因此，你若是一个乐于助人的内向者，那就需要想尽办法提高自己的成功率。

最重要的小贴士：尽可能提高自己的成功率

1. 当结果不确定时，你就要改变自荐的方式。提醒自己，你的成功率为正。它可能很小，但总归是正的。

2. 永远不要以结果为重，而要以决策过程为重。你能控制的只有决策过程。

3. 请记住，预见失败比失败本身更让人难受。就算失败了，你也能从中吸取经验和教训。

4. 提醒自己，损失厌恶并不可怕，经历得多了你就会明白，蒙受损失并没有想象中那么痛苦。换言之，你面对它时会更从容！

见解 4：认识自己的价值

在试图做出高风险的决定时，比如在决定是否要放弃你所选的专业时，把注意力从这个决定上移开能帮助你做出更好的决定。1998 年，我在面临两难的境地时经常做的事情是购物，不过我现在并不推荐用这种方法来减压。

有个术语叫锚定，我知道它比知道行为科学要早得多。当时，我正在自己的家乡科克市（Cork）逛我最爱的百货商场，就是在那里，我看到了当时觉得最好看的黑色皮包。我想着，如果我决定继续攻读计算机科学这一枯燥的学科，这款包一定会给我莫大的安慰。在那个暑假，我的想法摇摆不定，前一分钟还想继续上大学，下一分钟又想做一些截然不同的事情。如果继续上大学，这款包可以装下我所有的教材，以及我一直随身携带的那些笔记本。然而，它的标价高达 500 爱尔兰镑（几个月后，爱尔兰才开始使用欧元）。后来有一天，我瞥见一块牌子，上面写着所有手提包打五折。你是否认为，那块“打五折”的牌子会让我觉得这款包很便宜？你是否认为，如果这款包一开始就标价 250 爱尔兰镑，我对它的看法也会和此刻一样？

这些问题与行为科学中确立已久的“锚定”概念有关，这个概念是指，人们在做决定时会过度依赖已经存在的信息。以我的购物经历为例，相比初始标价 250 爱尔兰镑的包，人们会认为原价 500 爱尔兰镑但打五折的包更划算。这也能解释为什么很多人会加入现在经常出现的线上限时抢购。

花点时间反思一下，你现在的收入是由什么驱动的？你的收入配得上你的付出吗？锚定是否决定了你现在的收入？

> **在判断今天的自己价值几何时，过去的收入水平是一个重要的参考依据。**

举个例子，贾斯廷获得了一份新的工作邀请，对方问他期望的薪资是多少。他会非常认真地考虑这个问题，会考虑自己对这家公司的了解，以及自己希望达到的生活水平，甚至可能会征求亲朋好友的意见。尽管如此，他当前的收入仍是驱使他提出期望薪资的主要因素之一。他最终可能会在现有收入的基础上加价 10%、20%，甚至 30%，但现有收入仍会是他与对方谈判时的重要参考依据。

当前收入是一个影响力巨大的锚，甚至有可能阻止我们辞去现有的工作。我的朋友卡拉就是这种情况。卡拉希望新工作的工资能够提高她的生活水平，且她对此十分执着，因而拒绝了许多能让她快速实现这一目标的机会。我觉得这可以理解，毕竟没有人喜欢降薪。有意思的是，卡拉十分讨厌自己现在的工作。她几乎没有时间好好睡一觉或者见见朋友，也根本不喜欢自己的工作内容。卡拉的锚把她困住了，让她很不快乐。

锚定的超强影响力还意味着你的收入可能低于你的价值。你为自己的新产品制订的销售价格可能过低，你的咨询收费可能太低，你在个人年度考核中提出的加薪要求可能太低，而这可能只是因为你被自己当前的薪资水平锚定住了。

你该如何解决这个问题？你需要重置你的锚。在某些情况下，这非常容易，比如你正在销售一款实物产品，而同类产品的价格是已知的。再如提供服务的自由职业者，他们的收费往往是不会公开的，且都是在开拓新客户时与对方协商确定的。这意味着，他们面对每一位新客户时都有一次重置锚的机会。为什么不让客户先报价，你再看看该价格是否比你之前的收费高呢？或者，为什么不先提价 5%，看看对方的反应呢？

如果你就职于一家大公司，那么不同岗位的薪资标准通常是公开的，要对比自己与同事的收入也很容易。如果薪资标准未公开，你可以利用自己的社交圈收集相关信息，如果你胆子够大，也可以通过寻求外部的工作机会来收集信息。我们在公司内部的评级也会受到他人的认知偏差的影响。若想消除他人对你的认知偏差，最快的方法就是找到一个明显比你现在的工作更好的工作机会。然后呢？你应该去找自己的老板好好谈一谈！

见解 5：主动向他人求助

后来，我已经没必要跟母亲探讨自己不想学计算机科学这件事了。为什么呢？因为我找到了计算机科学系的詹姆斯教授并向他求助，他的绰号是“Java 教授”。

距离第二学年开学仅剩几天时，学校走廊仍如风滚草的荒原般罕有人迹。在我们系的大楼里，只有“Java 教授”的办公室门半开着。我带着刻在 DNA 里的固执，犹豫着走向他的办公室，此时的我笃定自己会退学。我敲了敲门，没等他开口便径直走了进去。继续浪费时间根本毫无意义，我还有几十年要过呢。

“啊，格蕾丝，”他跟我打招呼，“暑假过得怎么样？”

“很好，‘Java 教授’，好到我都不想回到学校继续学习计算机科学了。放假的时候我根本不会想起计算机科学，我不想把时间花在学习我不喜欢的东西上。”

“喜欢？”听到我一本正经的宣言，他咯咯地笑了起来，“格蕾丝，任何值得学习的东西都是很难学的，你本就不应该奢望自己会喜欢上它。我可不相信你的同学中有谁会想念上课的日子。之所以给你们放一个暑假，是因为这个专业的课程太紧张了。不过，也可能是你不适合学这个专业。”

前文提到过，我在做选择时经常受到逆反偏差的影响，这种偏差会导致一种行为倾向，即别人越告诉我不应该做什么，我就越要去做。或许是逆反偏差又发挥作用了吧，总之，我是带着要放弃学习计算机科学的决心来找詹姆斯教授的，他的这番话让我非常恼火。

“我当然适合！”我大怒道，“只是它太枯燥了，而且我认为它很难成为我的优势。我预见不到自己能在未来 3 年里取得成功。”

“这个嘛，你要知道，这不是一件要么成功要么失败的事情。如果放弃这个专业，那你想做什么呢？”

“我想做……我不知道。您能帮帮我吗？”

“Java 教授”仔细为我分析了我的各种选择，我最终决定在继续学习计算机科学的同时选修经济学。我只用了寻求帮助这一种方法就解决了自己面临的难题，找到了一条更符合我当时的兴趣的大学学习之路。

即便在真正需要帮助时，我们也不常向他人求助。

从寻求如何运用远见思维的建议，到要求改善自己的工作条件，我们通常不会在与同事交谈时暴露自己内心的需求。我们不喜欢处于弱势。不知对方会做何反应会令我们感到恐惧，让我们迟迟不敢向对方求助。

你是否一想到要和老板谈升职就感到恐惧？你是否一想到要请导师帮忙尽快确立自己的目标就想取消见面？或许只是提出将薪资与人力资源挂钩的话题，你就会紧张得起鸡皮疙瘩？一些人害怕的是提出要求会让自己显得太过贪婪或太过困窘。

以谈加薪为例，我曾听很多人谈论他们多么热爱自己的工作，以及主动要求加薪似乎很不正确。许多中小企业的老板也不爱跟客户谈加钱，以免对方认为自己唯利是图。这种看待世界的方式完全颠倒了。我们每天去上班，创造有价值的东西，就应该获得与这部分价值相当的报酬。工作本就应该是互惠互利的交易，把钱留给雇主或客户并不是避免贪婪的正确方法。你要相信自己理应获得与自身价值相当的报酬，并通过缴税和慈善捐款的方式消除你对自己变得贪婪的恐惧。

阻碍你前进的也可能不是对贪婪的恐惧，而是你相信老板会在你应该得到升职或加薪的时候告诉你，相信他一直密切关注着你，会确保你得到公平的奖励。这现实吗？不一定。你或许遭受了知识的诅咒（curse of knowledge）。你要认识到一个事实，即当你知道某事为真时，就很难想象会有人不知道它是真的。你以为老板会和你一样知道你有多么优秀。你坐在自己的工位上工作了一整天，自以为老板会看到你的工作效率有多高，并会根据你的表现调整对你的评价。

知识的诅咒也会导致所谓的皇冠综合征（tiara syndrome）。皇冠综合征指的是，你认为只要自己每天都努力工作，总有一天能得到回报，总有一天会有人给你戴上“皇冠”。然而，你指望着给你回报的那些人也在忙于自己的工作。他们很忙，或许正在寻找自己的远大目标。你应该指望的是你自己，你要主动让别人看到你的价值，看到你对升职加薪的渴望。请记住，在需要帮助时向他人寻求建议和指导始终是你自己的责任。

> **汇总信息，突出你取得的进展，以确保你能得到应有的回报，这是你自己该做的事。**

向他人展示你当前的进展和你的目标，将为你带来很多机会。当然，更好的做法是自己去寻找互惠互利的机会。请记住，在寻求他人的帮助时要站在对方的角度替对方考虑，这才是最佳做法。

见解 6：双向沟通，寻求他人的反馈

在一个 150 多人的班级里，要收集大家对我本科期间的表现的评价并不容易。我在 1998 年夏天与“Java 教授”的那次谈话是个例外，我之所以主动上门求助，是因为我有个纠结已久的问题需要解决，当然，也是因为购物疗法让我的信用卡账单越来越长，继续这样减压我就负担不起了。到第二学年末尾时，我们班只剩下大约 60 人，有很多人挂科和（或）退学了。这下要得到他们对我的评价就容易多了，不过，这也不是现成的。在我决定继续学习计算机科学之后，我不得不主动出击。

那时的我和现在一样，几乎没有时间听别人详细讲述那些我做对了的地方，我更喜欢听到批评的声音。有一次，我请一位助教给我一些反馈，

他非常紧张。他正好批阅了我的一份作业，该作业要求我设计一个电梯用户界面，通过该界面可以操作百货公司的电梯。他花了大量时间谈论我做对了的地方，我觉得肯定不止 20 分钟。我不记得他的原话了，只记得都是些特别温和、特别好听的话，但我不爱听这些，我屏蔽了他的声音，在脑海里放起了马戏团音乐来打发时间。后来，他终于意识到我没有听他说话，于是问我是否想和他探讨特定的内容。我回答说："是的，请告诉我我哪里做得不好！" 听了我的回答，他似乎很困惑，因为我语气中的热情通常是人们期待好消息时才会有的。他接受了这一挑战，我们又花了 20 分钟来详细探讨我的作业，这次的对话比之前有趣多了。

我在第 2 章中强调了定期进行自我反思，也就是自己给自己反馈的重要性，这是消除各种认知偏差的重要方法。寻求他人的反馈同样重要，且原因相同。如今，我认为反馈是自我提升的最佳机制，因为它能帮助你找到自身技能和能力的优势与不足，以及发挥自身比较优势的方法。现在的我仍然倾向于花更多时间来听取批评的声音，不过我逐渐意识到了另一种学习方式的好处，这种方式就是请他人就我正在做的事情给我反馈。若不这么做，你又如何知道自己真正具备的比较优势是什么呢？如果一定要选择，我会从用于听取反馈的时间中拿出 80% 来听取批评。

从很早以前开始，行为科学就在探讨寻求他人的反馈对促进学习和提高效率的重要价值。[8] 如果你意识到锚定效应、知识的诅咒或皇冠综合征正在对你产生不利影响，或者你正被损失厌恶困扰，那么，主动寻求反馈可以给你带来帮助。如果有人拒绝寻求或倾听他人的善意反馈，那此人绝对不适合需要与人互动或领导他人的角色。

如果你想在迈向远大目标的过程中取得进展，那么寻求反馈能为你提供极大的帮助。为什么呢？因为如果你找对了人，他们的反馈能让你明确地知道取得进展所必须采取的行动，也能帮你举起一面镜子，让你看到自己的盲点。这样的反馈是极其宝贵的。

> **你需要将寻求反馈纳入日程并定期完成，这是你自己的责任。**

谁是你寻求反馈的最佳人选取决于你的远大目标是什么。如果你计划从事与现在的工作类似的工作，但希望自己的事业更进一步，那你可以选择自己公司的经理和主管。如果你计划改进产品，那你可以选择当前的客户和潜在的客户。如果你打算换一份全新的工作，那就以你的目标职业为标准，寻找从事类似工作的人。

最有价值的反馈需要包含批评，并明确地指出你需要改进的地方。对于为你提供最有价值的反馈的那些人，不要指望他们在给你指出问题的同时给出解决方案。如果他们这么做了，那是你的意外收获，毕竟他们没有义务为你解决他们指出的所有问题。尽量不要带着情绪去看待批评。由于每个人的性格不同，一些人的情绪反应可能会令这一反馈过程适得其反。元分析①表明，超过三分之一的反馈会导致接收方的表现变糟，这并不是毫无依据的。[9]因此，如果有人说你在某方面做得不好，你不要过度关注自己做得不好这个事实，而要重点关注改进所需采取的步骤。请记住，情感启发式（你的决定会受你当前情绪的影响）可能会左右你的大脑解读反馈的方式。因此，如果你在这一过程中有些情绪化，那就先把对方说的话记下来，等冷静下来了再去思考对方的话。你要假定给出反馈的人是善意

① 元分析是一种定量分析手段。——编者注

的，试着从他们的角度看问题。

无论给你提建议的人是笨嘴笨舌还是在无意中冒犯了你，你都要厚着脸皮听下去，并保持开放的心态。那些不擅长委婉又温和地给出反馈的人说出的话往往一针见血。此外，对得到的反馈去粗存精也很重要。无论对方言语笨拙还是舌灿莲花，他给出的反馈都只是一己之见。在你决定因某个人的批评全盘推翻自己的远大目标与宏伟计划前，你一定要利用其他反馈或客观数据来验证该批评的真实性。

如果你在听取反馈的过程中发现自己确实存在某个问题，务必提醒自己，这个问题是可以解决的。你身上出现的问题并不是你的固有属性，它们是可以通过行为和行动的调整来解决的。无论什么问题，你都可以通过努力找到应对之法。

在听取反馈时，你要警惕注意力偏差（attentional bias）。你当下的注意力焦点会影响你对反馈的解读。就如我们在饥饿时会对面包的香气更敏感一样，当你对自身的弱点有自己的判断时，你可能就会更关注与该判断相符的批评。在寻求反馈时，记笔记是很有用的，这样你就无须打断对方，可以从一开始就让对方畅所欲言，而非不时插话，打乱对方的思路。此外，你还要注意对方是否关注到了你不一定能关注到的方面。当然，对方完全有可能也是注意力偏差的受害者，但考虑到你不会只依赖于一个人的反馈，因此这应该不是个大问题。

从人员构成多样化的外部社交圈获得的反馈更有价值，它能帮助你找出自己计划中不可行的部分，以及需要改进或搁置的部分。你必须避开沉没成本谬误，也就是避免只因已经投入的时间而继续实施当前的计划。例如，一位学者在撰写论文的过程中发现已经有人发表了类似的研究成果，但仍选择继续，这就是屈从于沉没成本谬误。又如，研发人员在发现市面上已有同类产品后仍然继续研发当前产品，这也是受到了沉没成本谬误的影响。再如，自由职业者不愿放弃一个频繁要求会面，但又从不委托任何付费工作的客户，这也是陷入了沉没成本谬误的陷阱。

如果你收到的反馈能够让你相信自己当前的做法有问题，那就是时候思考如何改进了。在上面的例子中，面对先自己一步发表的论文，该学者应该想办法给自己的论文增加附加值。面对市面上的同类产品，研发人员应该重新回到绘图板前，思考如何实现产品的差异化。那个自由职业者则应该把时间花在寻找和开发新客户上。

请记住，若有反馈指出了你计划中的问题，你一定要通过其他渠道进行验证，毕竟一家之言不足采信。你还需要记住的是，改变需要时间，而且不会一帆风顺。不过，你也不要陷入鸵鸟效应（ostrich effect），也就是不要把头埋进沙子，屏蔽对你有益的负面信息。

最重要的小贴士：如何寻求反馈

寻求反馈时，你要让对方畅所欲言，不要打断对方。对方评论的可以是你发给他的文件，也可以是你对自己的目标的简要描述。

你要主动请对方具体评价你哪里做对了，哪里有待改进，还要特别强调自己需要听取批评。良好的反馈可以让你将反馈者提出的观点转化为切实可行的目标。切实可行的目标意味着你能轻松获知自己完成与否。例如，追踪“提高时间管理能力”的进度非常困难，但要追踪“在 x 月 x 日前交付 x 项目”则非常容易。

切实可行的目标加上积极的反馈，可以帮助你找出那些值得加倍投入的小步骤。如果你是一个自由职业者，你的某样产品收获了不止一次好评，那你或许可以考虑在这个产品上加倍投入，让它成为你的代表作。如果你想跻身公司的领导层，而你主持会议的方式获得了好评，那你或许可以反思一下，找出自己具体哪里做得好，然后将它变成你的个人风格。如果你想转行，而别人在评价你时反复提到了相同的优点，那你或许可以花些时间想想办法，在将要提交给新雇主的简历中恰当地展示出这些优点，比如提供正规的资格证书或易于核实的工作履历。

切实可行的目标加上消极的反馈，可以帮助你找出简历或产品中存在的问题或不足，并且有助于你找出解决它们所需采取的小步骤。你也可以借此机会确认应该放弃哪些小步骤，这样你就能专注于那些更有可能帮助你实现目标的步骤。

除了要以开放、平和的心态来面对反馈，你还要鼓励反馈者直接说出自己的看法，不要含糊其词。此外，在经历了失败或成功这样的重大事件后，你也要及时寻求反馈。研究表明，及时的反馈更有效，也更有可能被付诸实践。[10]

> **在选择向谁寻求反馈时，最佳人选是那些支持你的抱负，并在你遇到困难时真心提供帮助的人。**

选择的过程可能会经历反复试错，一旦发现对方在提供反馈时欠缺考虑、言辞刻薄或高高在上，那你就以不再找他来回报他的“恩惠”吧。毕竟时间是最宝贵的资源，你没必要把时间浪费在这种毫无意义的事情上。

见解 7：接受聚光灯效应

我以优异的成绩取得了计算机科学和经济学的学位，毕业典礼上，父亲和母亲自豪地站在礼堂里使劲为我鼓掌。毕业典礼结束后，我被亲戚、邻居，甚至几个偶遇的陌生人邀请到家里庆祝我取得的成就。

这类庆祝活动本不会持续那么久，因为当时的我工作还完全没有着落。

为什么会这样呢？一是因为互联网泡沫已经破裂，计算机科学领域的工作岗位与其说在增加，不如说在减少。在爱尔兰，地方性大学的学位很难让我在就业市场上脱颖而出，而我也确实没能做到。

二是因为其他人跟我提过的“好”工作，我都忘了申请，如果申请了，我的经济学学位其实是一大优势。这些工作包括公务员，以及大型会计师事务所和银行的毕业生计划。这里的“好”指的是有养老金、收入可观且有可能干一辈子，在许多爱尔兰父母心中，这是“黄金三件套”。

这些工作的申请程序很早之前就开始了，早在我得知自己被选为毕业生代表要在毕业典礼上发表演讲之前，我就已经错过了截止日期。我后来才知道，大多数工作在截止日期后的几天内还可以申请，我那时应该把握住机会的。虽然我深爱着经济学，但它就像自然产生的友谊或确立已久的恋爱关系一样，已经变成了我的本能，并不会引起我的关注。我一直没有关注它为我提供的职业选择，因而错过了所有关键节点。

我需要在他人面前保全颜面，不能承认自己作为一个有完全行为能力、应该对自己负责的成年人是失败的，因此，我从不主动开口求助。我焦虑不安了整整十周，一直在思考该怎么办。突然有一天，我从自己的大学母校得到了一份工作，担任副校长的临时助理。这份工作听起来很重要，其实每周只工作周五这一天，临时顶替一名工作时间灵活的职员。以老板的标准来说，我的老板人很好，他很聪慧，爱开玩笑，还热衷于帮我拓展社交圈。通过他，我认识了经济学系的系主任。系主任对我说，在本科期间多修一个经济学学位很正确，这能让我免受技术市场波动的影响，但对正处于自怨自艾状态的我来说，他的这番提醒无疑是个错误。我当时做何反应？我崩溃了，并坦诚地告诉他，我已经错过了申请与经济学相关的工作。他平静地给出了建议，说有一个带奖学金的经济学硕士学位还在开放申请中，建议我试一试。

为了“保全颜面”，我消沉了一段时间，而与经济学系系主任的即兴聊天让我豁然开朗。如果没有这次幸运的会面，我可能还会为了面子继续承受压力、无所事事……现在，我又变回了站在毕业典礼讲台上的那个自己，不再辜负父母的期望。尽管此刻的我依然没有正式工作，但我已经决定攻读经济学硕士学位，并对此信心满满。当然，我们不能指望自己总是那么走运，在需要人生导师时，他们就会送上门来，依靠自己的努力主动去寻找永远是更保险的选择！

保全颜面效应通常会拖慢我们前进的脚步。保全颜面和预期损失厌恶是交织在一起的，不过我喜欢把它们分开讨论。

预期损失厌恶指的是，你认为自己有蒙受损失的可能，因此对蒙受损失后的痛苦感到恐惧，比如晋升失败后的痛苦。保全颜面效应指的是，当你蒙受损失时，你对预期中他人看你的眼光感到恐惧，比如你以为自己晋升失败后他人会向你投来的眼光。

我们常常只是因为害怕他人的眼光和议论就止步不前。以诺拉为例，她是一个才华横溢的创意工作者，从事产品开发工作。她的职责是提出创意，推动公司产品的创新与改进，以更好地服务顾客。她的工作表现十分出色，这一点毋庸置疑，但她所在的行业工作节奏很快，这意味着没人会耐心地指导她，带她慢慢了解晋升程序。更糟糕的是，诺拉是一个长期缺乏自信的人。她所在行业的快节奏还意味着，人们没有时间经常夸赞她做得很棒。不过，你若在走廊上拦下她的同事问一问，就会听到几乎一致的好评，他们都认为她是个对公司非常有价值的人。你若问诺拉她迟迟不申请晋升的原因，她会说，如果失败了（诺拉的原话会是“在我失败后”），她会害怕在咖啡厅见到同事。我可没开玩笑！

对所有人来说，公开被拒造成的伤害远远大于私下被拒，前者指的是当着同事、朋友或家人的面被拒绝。这是为什么呢？人们为什么会担心自己的婚姻破裂后邻居会怎么想呢？人们为什么会觉得如果自己没有像计划的那样顺利获得晋升，就难以面对同事呢？对想减肥的人来说，为什么只是想到别人会看见自己穿着运动服健身的样子，就没有勇气迈出家门呢？

我花了很长时间才明白，把自己因被拒绝而没能得到很重要的东西这种事告诉关心自己的人，可以得到莫大的安慰。我想，可能是多年的学校生活给我留下了创伤，在学校里，如果你做错了一件事，老师会反复在你面前提及这件事，让你痛苦不堪。现在的我拥有了一群知己，当我遭遇失败时，他们会安慰我，让我快乐起来。对于那些在你伤口上撒盐的人，你不用把自己的事情告诉他们，不值得，直接让他们滚蛋。那些在你自告奋勇、设法改变现状或做出新的尝试时打击你的人，也不会在你成功时发自内心地为你喝彩。

不幸的是，你有时难免会遇到这类人，若想避免被他们冷嘲热讽，就要默默吞下失败，等到顺利升职后再告诉他们。在主动争取一份很难争取到的工作时，你也不要告诉他们。不要让太多人知道你正在做的事，只需把自己的计划告诉信任的知己即可，从而削弱保全颜面效应带来的影响。

不过，我们有时根本做不到默默吞下失败。你可能需要在一群人面前游说投资者、参与竞选或参加公开赛。如果你需要做一场完美的公开演讲，那只是在卧室里对着一把梳子练习是很难做到的。那怎么办呢？

有一个事实可以让你得到些许安慰，那就是别人并不会如你想象中那样关注你。真正聚焦于我们的是我们自己，我们常常误以为别人也会花大量时间和精力来关注我们，但事实并非如此。

这就是聚光灯效应（spotlight effect），该术语是由行为科学家托马斯·吉洛维奇（Thomas Gilovich）提出的。吉洛维奇及其同事证明了，即使你感觉到了尴尬，并无比确信其他人都注意到了你的焦虑，现实也并非如此。人都是以自我为中心的，只会关注自己的需求，没那么多时间注意他人的一举一动。[11]

> **你并没有自己想象中那么受人关注。**

不要为此感到失望，意识到自己的错误与失败其实不会如你担心的那般受人关注，你就会如释重负，进而放开手脚去做自己一直想做的事情。

你要接受聚光灯效应的存在，不要让你希望塑造的公众形象束缚了自己，从而无法去做那些可以推进计划的事情。如果你搞砸了，就像我忘记在毕业前申请工作那样，那就向信任的人寻求建议，集思广益，找出解决方案并付诸实践。

见解 8：对新机会保持开放的心态

如今，在伦敦政治经济学院，我身边的人都能讲出自己受使命召唤踏入学术界的精彩故事。我也看过很多人的申请材料，他们讲述了自己多么渴望进入这所伦敦著名高校攻读博士学位。我一直很欣赏那些清楚自己的职业道路的人，而我踏入学术界的方式与他们略有不同。

在取得经济学硕士学位后，我得到了一个在都柏林圣三一大学担任研究员的工作机会。这份工作有许多吸引我的地方，比如灵活的工作时间、极高的工作自主性，以及可用来提升我的数据建模技能的大数据集。都柏林圣三一大学坐落于都柏林市中心，而都柏林无疑是一座国际化大都市，大小也刚刚好，既便于了解，又便于隐匿。我还能经常前往伦敦的合作高校。那问题在哪儿呢？这份工作的工资很低，而都柏林的房租很高。2005 年 8 月，我不得不给诺曼德教授打了个电话，他就是为我提供这个工作机会的人。

“诺曼德教授，非常感谢您通知我通过了面试，”我开口道，“我考虑了好几天，但以目前的房租来看，这份工作的薪水实在太低，不足以支撑我在都柏林的生活和工作。我想问一下，我的薪水是否还有上调的空间？”

“格蕾丝，我说过，你的薪水没有上调的空间，我并没有骗你，”他说，“如果能上调，我肯定给你调了。不过，我认为这份工作对你来说是个绝佳的机会，真的不容错过。尽管我无法给你涨薪，但你在此工作期间可以攻读经济学博士，费用由学院支付。你觉得这样可以吗？”

在那之前，我从未想过攻读博士学位。

你应该如何处理突然出现的机会呢？你可以从忽略偏差（omission bias）和行动偏差（action bias）入手，探究它们在这种时候对自己的决策过程的影响。

忽略偏差和行动偏差的作用方式是相反的。[12] 当行动与不行动会给我们带来同等程度的危害时，忽略偏差会让我们认为行动比不行动更愚蠢，因为不行动就不用承担任何风险，可以继续保持现状，通常也不会令我们彻夜难眠。这是一种惰性心理，会使人更偏好不行动。相比之下，行动偏差可以概括为“不入虎穴，焉得虎子”，管它对不对，先做了再说。

行为科学研究表明，我们在做决定时是会遭遇忽略偏差还是行动偏差既取决于环境，也取决于个人。关于后悔的行为科学研究也探究了人们对行动和不行动的看法。人们在回忆过往时，因没有采取行动而后悔的可能性远远大于对采取行动的后悔。[13] 针对不同群体及环境的诸多调查已经有力地证明了这一点，这也表明，相较于行动偏差，忽略偏差可能会对你产生更深远的影响。换言之，更令你担心的很可能是你没做什么，而非你做了什么。在二者的危害程度相同时，为何还会出现这种情况呢？

心理学家沙伊 · 达维代（Shai Davidai）和吉洛维奇指出，[14] 如果人们做了让自己后悔的事情时还有机会补救，这可能会降低他们回首往事时的后悔程度。如果你什么都不做，任由机会溜走，那么想要补救都无从下手。当然，你也不能见到一个机会就抓住不放。在面对出现在自己面前的机会时，你必须得有辨别力。请记住，要以冷静的头脑面对意料之外的机会，慎重考虑之后再做出决定。

想知道点有趣的吗？在你选择抓住意料之外的机会后，你未来对这一决定感到满意的可能性会很大，因为无论输得多惨，我们都非常擅于合理化自己的行为，好让自己夜里能安然入睡。我们会从失败中找到一丝安慰。

若什么都不做，那便无从寻找那一丝安慰。因此，最好的做法通常还是行动，毕竟做了之后，你未来也很可能会找到让自己不后悔的办法。

综上所述，在面对意料之外的机会时，尤其是有可能推动你前进，甚至让你踏上之前从未想到过的旅程的机会时，你应当格外注意忽略偏差。忽略偏差也会产生其他的重大影响。许多人身边都有厌恶自己的工作但又绝不辞职的朋友。许多人身边也都有某个本可以成为成功的企业家，却因害怕失败而不敢追求梦想的人。每天都有人只是因为对不行动的偏好而逃避艰难的沟通，拒绝寻求帮助，畏缩不前，不敢为了自己的梦想而冒险。

成功并不需要一直冒险，但需要你坚持那些小步骤。现在，你可以下定决心去认真考虑出现在自己面前的新机会了。

见解 9：承担责任，获得成长

要获得博士学位，所需的东西远比包括我在内的大多数潜在博士生以为的要多得多。你必须在学术界获得一席之地，还要在国际顶级学术期刊上发表文章，若想让这类期刊接收你的文章，你就必须贡献足够有创意的想法。你还需要参加学术会议，在众多学术界人士面前表达你的观点，而这些人往往会毫不留情地提出批评。你可能还得不断提升自己的各项技能，比如数据科学、数学、演绎推理、访谈、写作、沟通、教学等，具体取决于你的研究领域。

2007 年夏天，在纽约大学的一个大礼堂里，面对十几位德高望重的计量经济学教授，我“讨论”了自己的一篇博士论文。我很有创意地使用了“讨论”一词，因为那天我紧张得说不出话来，结结巴巴，汗流浃背，忘记了自己要说的话……

我主动参加了“竞赛”，承担了风险，却以失败告终。

值得欣慰的是，我从失败中找到了自己的问题，那就是我从未真正花时间去磨炼自己的展示技巧。

这种情况时有发生。我们并不总是能一次性成功，有时就是会搞砸。在行动之时，我们千万不能屈从于自利性偏差（self-serving bias），这一点至关重要。自利性偏差指的是，人们倾向于将好的结果归功于自己，将失败归咎于外因。请不要把失败归咎于运气不好，更不要认为是他人使用了不正当的手段。提醒自己，遭遇失败的时候正是自我反省的好时机。想一想，这次失败是你的责任吗？

自利性偏差是否毫无可取之处呢？当你需要快速振作起来时，它或许还是有用的。它当然是一种对选择进行事后合理化的方式，好让我们能问心无愧。不过，就本质而言，它也是一种自我保护。当我们再次需要主动出击时，它能促使我们积极采取行动。

在类似我之前恐怖秀一样的论文展示场合，自利性偏差则会暴露弊端，即会让你错失在失败中自省的机会。它还有可能不利于我们培养实现目标所需的新技能。我需要磨炼自己的展示技巧，我不能把自己欠缺展示技巧归咎于环境。如果我们不自省，那怎么知道如何改进才能从容地迎接下一轮挑战呢？

你在第 1 章中确定自己需要培养的技能和特质时，可能已经受到了自利性偏差的影响。在做选择时，你是否将自己已经掌握的技能列入了需要培养的技能？你是否通过突显自己已有特质的价值，以及忽略自己没有但真正需要的技能来提升自我价值感？

杰弗里 · 库奇纳（Jeffrey Cucina）及其同事在 2005 年做的一项研究就有力地证明了这一点。他们要求作为参与者的学生写出取得学术成就所必需的性格特质。你猜结果如何？学生们给出的答案与其自身的性格有大量重叠。罗里 · 麦克尔威（Rory McElwee）及其同事在 2001 年做的一项研究也得出了类似的结论。在该项研究中，研究人员引导参与者误以为自己拥有数学天赋或语言天赋。（科学家也有可能骗人！）接着，研究人员拿出一堆大学申请材料给他们看，让他们判断这些申请人是否适合上大学，并给出排名。研究人员发现了什么呢？参与者极其不客观，他们在选择时表现出了强烈的个人偏好，排名最高的是与他们最像的（请记住，他们误以为自己擅长特定科目），而不是最优秀的。

你是否也过度强调了自身强项的重要性，将它们列为了实现远大目标所需培养的技能？你自己无法确定？那你可以问一问自己新结交的那些人。具体来说，你可以问问他们，你的“进阶版自己”最需要培养的特质是什么，然后将他们的答案与你自己的决定进行对比，若相差甚大，那你就要放下骄傲，慎重思考后做出调整。

> **不要让你的自我价值感阻碍你前进。**

你要打破偏差，磨炼“进阶版自己”真正需要的技能。在学习新技能的过程中，你可能会遭遇挫折，就像我在纽约大学做展示时紧张得说不出话那样，但这些都只是旅途中的一段经历！

见解 10：放松同样重要

我于 2009 年 9 月成功获得博士学位。我在周四完成了答辩，周日就离校前往东南亚背包旅行。离校之前，我获得了澳大利亚某所高校的一份终身教职，将于 10 月开始工作。在开始工作前的准备阶段，我保持着极高的研究效率。我把一切都想清楚了。

或者应该说，大概都想清楚了。

为了尽早取得博士学位，按时前往澳大利亚，赶上约定的入职日期，我耗尽了自己的意志力。当我坐在澳洲航空的航班上，喝着免费的普洛赛克起泡酒，热切期待着在泰国的新冒险时，我还穿着弹性运动裤，不过这并不是为了确保长途飞行的舒适。我在攻读博士学位的最后 2 个月里重了 12.7 千克。在连续 6 个多月每天坚持苦干 14 个小时后，我真的无法继续坚持那些健康的做法了，我的身体和精力都受到了损伤。

请记住，“进阶版自己”之旅并不是一场短跑，而是一场马拉松。在此期间，你有可能陷入持续的高强度工作中，无暇顾及生活中的其他事情，工作和生活之间的平衡也会被打破。你的精力和意志力并不是无穷无尽的，你要注意那些消耗你的精力和意志力的事情。

这种将用于某一领域的意志力挪用到另一领域的现象，行为科学家称为自我损耗（ego depletion）。研究表明，能提振士气的奖励或活动可以抵消自我损耗。[15] 如果你不注意自我损耗，在没有精力兼顾多方时，某一领域的良好行为（比如朝着远大目标迈出的一小步）可能引发其他领域的不良行为（比如不健康的饮食习惯）。

你可以把意志力想象成一块肌肉，越用就会越虚弱。它所需的能量当然可以补充，但这需要时间。这给你什么启示呢？在感觉疲惫时，你要找到一些能让你振作的奖励和活动，比如按摩、去公园散步、冥想、现煮的异域草药茶，或者一边享受喜欢的东西（适量的巧克力、酒等）一边看最喜欢的电视节目。相比只依赖一样事物，找出自己喜欢的各种东西能让人更快地恢复精力。

如果你发现自己在努力迈向远大目标时出现了一些不良行为，那是时候去做一些自己喜欢的事情，及时停止自我损耗了。

削弱认知偏差的影响

下面让我们回顾一下本章涉及的十大行为科学见解：

见解 1：社交圈与影响你的人存在的偏差

回顾你在第 1 章中为拓展社交圈而列出的三人名单，确保人选的多样化。

见解 2：你的远大目标选对了吗

你敢肯定自己喜欢从事的活动与你的远大目标相符吗？

见解 3：正确面对损失厌恶

不要让自己对失败的看法阻止你参与竞争，记得提醒自己，只要参与了，就有可能取得成功。

见解 4：认识自己的价值

调查一下与你从事类似工作的人的薪资水平（你的市场价值），这有助于你解决收入锚定过低的问题，确保你的收入与你的价值相符。

见解 5：主动向他人求助

不要认为周围的人都在关注你的一举一动，他们都很忙。你要主动把自己希望他们看见的信息拼凑起来，突显出你取得的进展，确保自己能得到应得的回报。

见解 6：双向沟通，寻求他人的反馈

有策略地处理他人给出的反馈，以开放、平和的心态面对批评。若收到自己并不认同的反馈，记得提醒自己，那只是他人的一己之见，你要花点时间用其他人的反馈来予以核实。

见解 7：接受聚光灯效应

要认识到无论你是成功还是失败，都很少有人会注意到，就算有人注意到了，也会很快忘记。认识到这一点，你就可以避开保全颜面效应。

见解 8：对新机会保持开放的心态

认真对待意料之外的机会。记得提醒自己，人们总是更容易后悔于自己的不行动而非行动。

见解 9：承担责任，获得成长

不要将自己的失败归咎于他人或命运不公。面对糟糕的结果，请花点时间认真反思，看看究竟是你不够努力还是决策失误。

见解 10：放松同样重要

“进阶版自己”之旅不是一场短跑，而是一场马拉松。在注意力高度集中或高强度地工作了一段时间后，记得安排一些能提升幸福感的奖励或活动，尽量避免自我损耗。

在知道了有太多偏差需要提防后，你也不要气馁。请记住，尽管许多偏差存在于潜意识层面，但它们不是固定不变的。通过运用本章提出的行为科学见解，你可以削弱认知偏差对你的远见思维之旅的影响，从而挣开思想的枷锁。

祝你消除偏差顺利！

在进入下一章之前，请确保你已经：　THINK BIG

- 经过仔细思考，认识到自己的大多数决定都受到了认知偏差和盲点的影响。
- 通读上述 10 条行为科学见解，采纳其中的一些小贴士和小技巧，从而削弱偏差和盲点对你的远见思维之旅的影响。

THINK BIG

本章提到的 5 个绝妙的行为科学概念

1. 偏差盲点：人们倾向于认为自己没有别人那么容易受偏差影响。
2. 选择支持偏差：在回顾过往所做的选择时，人们倾向于认为自己的决定是正确的。
3. 预期损失厌恶：这与一个人预期中自己被拒绝后的痛苦程度有关。
4. 鸵鸟效应：逃避现实，不愿意听取那些最终能帮助到自己的负面信息。
5. 自利性偏差：人们倾向于将积极结果归功于自己，将失败归咎于外因。

第4章

方法 4：理解他人的行为偏差，向外审视世界

2018 年，我在一次公众演讲后遇到了亚历克斯。亚历克斯没有问我关于偏差的问题，以及其他与我的演讲内容有关的行为科学方面的问题，而是开门见山地聊起了自己的新产品创意。

亚历克斯热情洋溢，充满了创业精神，而且语速飞快、满心欢喜地畅谈着，完全没有注意到我已经开始走神。我从亚历克斯的话中捕捉到了一些片段，比如"每个人都需要它""父母会喜欢它的"，这些片段告诉我，亚历克斯坚信这个产品有着广阔的市场。此外，亚历克斯还提到了减肥、增肥之类的内容。简言之，亚历克斯试图推出一款能占领全球市场的产品。

亚历克斯滔滔不绝，一直说到了晚上，而我该离开了，我在室内扫视了好几遍都没看到我的外套。我越来越难集中注意力去听不请自来的亚历克斯的独白，直到对方一句"我要让他们看看，他们都错了"引起了我的注意，我下意识地问道："他们是谁？"

我终于发现，亚历克斯的故事其实相当有趣，但这是我在专注地听亚历克斯说话，并将其独白转变为对话后才发现的，更确切地说，是强制转变。

亚历克斯一直奔波于伦敦各地，向各种天使投资机构推销自己的新产品创意。亚历克斯的努力还是取得了一些成效，有 20 多个投资机构为其提供了面谈机会，尽管那些投资人非常忙碌。即便一再被拒，亚历克斯仍然斗志满满，一往无前。这本身就非常令人钦佩。那问题是什么呢？亚历克斯没有听取他人的反馈。

所有见过亚历克斯的投资人给出的反馈惊人地相似。具体是什么呢？他们都提到，这个产品创意确实新颖，不过亚历克斯这个人太过缺乏条理，不具备实现该创意的能力。如果亚历克斯能在一开始就告诉我这一点，我就能少浪费一个小时的生命了。

我看了看表，开口道："亚历克斯，在你宣布要向那些投资人证明他们都错了时，时间已经过去了将近一个小时。我能听出你对自己的商业创意的满腔热情，但你要如何向他们证明你并不是一个缺乏条理的人呢？"

这个问题将亚历克斯难住了。在短暂的沉默后，我与其告别，转身离开了。

我在前文说过，"如果每个人都说你死了，你就应该躺下"，这是我非常喜欢的一则古老的格言，而它绝对适用于亚历克斯。那么多投资人都提到了缺乏条理的问题，亚历克斯却忽略了这一真正有价值的反馈，任由这一盲点阻碍自己。这不是他人的盲点，而是亚历克斯自己的盲点。

这里的关键点在于，亚历克斯获得了（远）不止一个人或一个团队的反馈，而且这些人或团队彼此独立，互不影响。换言之，这并不是一个少数人因个人好恶而指出的问题。

遗憾的是，亚历克斯没有认真听取和接受那些投资人的反馈，浪费了太多宝贵的机会。亚历克斯可能认为，在第 5 次或第 10 次推销自己的创意时，就会得到投资人的青睐了。

缺乏条理并不是多么严厉的批评，这个问题很容易解决，方法之一就是外包。亚历克斯可以找一个做事有条理的合作伙伴，或者聘请一名私人助理。阻碍亚历克斯的也许是自负。即便在我俩简短的私聊中，我也能明显看出亚历克斯需要多倾听。又或者，亚历克斯因为太过缺乏条理，就连反馈都领会不了。无论原因是什么，阻碍亚历克斯的都是其没能解决投资人指出的唯一一个问题。亚历克斯这是自毁前程。很显然，亚历克斯很需要本章的帮助！

在一生中，每个人都会遇到无法摆脱固有思维的时候。我们会被自己的偏差和盲点阻碍。我曾见到有人一次又一次地忽略有价值的反馈！有的行政助理多次被提醒要提升沟通技巧，他们却坚持认为那些提意见的人都是在针对自己，最终，他们的职业发展停滞不前。还有一些零售行业的初级经理听到下属反馈说有更好的轮班方式，且不会给顾客造成负面影响，但他们不听，最终导致员工士气低落。还有的领导者每年都会听到同事说害怕自己，他们却让对方成熟一点。有些高中毕业生得到了别人提出的大学择校建议，但这些毕业生并不愿意听取这些建议。是的，好的建议常常被搁置，一些人不愿做出改变，却期望得到不同的结果。

不过，阻碍你的不只是你自己的认知偏差和盲点。

> **别人对你的看法或许并不能反映你当下的能力、技术和才华。**

对于你是否适合某份工作，是否适合负责某个项目，或者是否适合管理一家公司，不同的人或许会有不同的看法，而影响其看法的因素或许与你能否完成这些工作毫无关系。即使你对自己的能力有清醒的认识，你也不要指望自己的认知与他人对你的看法一致。他人看待你的方式不同于你看待自己的方式，他人的观点也会受自身的认知偏差和盲点的影响。

那他人的反馈为什么很重要呢？

来到这个世界，你必然会认识很多人，每个人都会对你有不同的看法。我是怎么知道的？以公众人物为例可以很容易地证明这一点。比如美国前总统特朗普，他在任时饱受两极化评论的困扰。一些人视他为超级英雄，认为他的出现是为了把就业机会从遥远的异国带回美国，并将他看作对抗全球化和当权派的终极勇士。在另一些人看来，特朗普则是个无能的霸凌者，一有机会就会越界，让美国倒退了几十年。这两种叙事虽然相互矛盾，却是不同的人在同一时间对同一个人的看法。它们共存着，如同事实一般被各自的阵营拥护着。这两种叙事会令同桌吃饭的人发生争执，甚至会导致国家分裂。

你可以亲自试一试，找一个你认为完美无缺的公众人物，[1] 然后在搜索引擎中输入“我讨厌 ×××”（××× 是此人的名字），你会看到很多人与你观点相悖。你能看到这么多关于此人的负面评论，表明许多人即便浪费宝贵的时间，也要宣泄自己对此人的不满。我们都知道，时间是最宝贵的资源。这些人通过耗费自己最宝贵的资源来告诉全世界，他们有多厌恶你喜欢的那个人。

那你应该在意别人对你有不同看法这件事吗？若轻率一点，你很容易给出“不，我不应该”的回答。去他们的！当你拥有远大目标，并确定了实现这个目标所需的小步骤时，你为什么还要在意他人的看法呢？你知道自己是谁，如果他们不知道，那就不必在意他们！

不过，要是这些带有偏差和盲点的人会阻碍你前进呢？要是他们可以彻底打乱你的计划呢？例如，负责评估你的工作表现的人没能看出你的技术、能力和才华；再如，当你寻找投资、临时工作或延展性任务时，手握决定权的人没能准确评估你的能力、潜力或你可以创造的价值。

他人的行为偏差和盲点会在什么时候阻碍你？本章将帮助你识别这些重要时刻。如果你是某个组织的经理、领导者或所有者，而我遇见了你，那我会与你探讨改变组织架构和流程的方法，以确保人才的发展不会受到偏差的阻碍。如果你是投资人，我会与你探讨能帮助你避开他人的偏差和盲点的架构与流程，以确保你的投资选择能获得最大回报。不过，本章将探讨的是他人的一些特定行为，并就如何避开它们给出建议。这些建议满足不了那些希望世界更公平、人们更有社会责任感的人，不过，你若能在自己的职业生涯中取得实实在在的进步，也就有能力去挑战和改变那些你不喜欢或你认为不公平的组织体系，从而让后来者少一些顾虑。就目前而言，本章提出的行为科学见解只是有助于你避开他人的偏差和盲点，尽可能帮助你尽快实现自己的远大目标。

在探讨这些见解之前，我们有必要花点时间来了解一下他人的行为偏差的表现形式。与许多对你无益的现象一样，这些偏差的诱因不止一个，且彼此并不互斥。现在先让我们来探究一下这些偏差的三大诱因。

无意识偏差

许多人不承认自己看待世界的方式存在偏差和盲点。如果我演讲时观众的人数在可控范围内，我常常会邀请他们参与一个实验来证明这一点。2018 年，我成功地组织了一场这样的实验。当时大约有 40 名观众，都是信息技术领域的从业者。观众们每两人坐一桌，座位由我根据活动前收到的名单随机分配。我告诉他们，他们的任务是用 100 英镑证明自己的谈判技巧。[2]

每一桌为一组，角色是分配好的，一人扮演报价方，一人扮演接受方。报价方的任务是，在一张纸上写下自己愿意从 100 英镑中拿出多少给自己的搭档。接受方则要写下自己愿意接受的最低报价。在这种情况下，报价方希望给出尽可能接近对方底线的报价，以此证明自己是谈判大师。报价太低就无法达成交易，报价方与接受方都将一无所获。报价太高，报价方就会有不必要的支出。

这一次，我比以前“狡猾”了一点。其实，我并不在意谁是谈判大师，只想弄清楚人们是否会因为一些肉眼可见的特征而被区别对待，这些特征包括性别、年龄、着装等。特定群体从不同的报价方那里得到的报价是否都会很低呢?

这群信息技术专业人士明显表现出了无意识偏差。平均而言，男性接受方得到的报价更高。值得注意的是，所有报价方给男性接受方的报价都要高于给女性接受方的报价。年纪较大的接受方得到的报价也更高，各个年龄段的报价方都是这么做的。最后，你猜得没错，那些穿着体面的人也获得了更高的报价。

这是为什么呢？

> **你或许认为自己不会以貌取人，但事实恰好相反。正因为你不认为自己会这么做，这才叫无意识偏差。**

许多已发表的学术论文给出了同样的结论，且这些研究的样本规模足以证明其统计学分析结果是可信的。一项针对性别的研究设置了两种截然不同的场景。[3] 在第一个场景中，报价方和接受方无法看到对方或听到对方说话，因此性别是不可知的。在第二个场景中，二者相对而坐，就像我让信息技术专业人士所做的那个实验一样，他们知道彼此的性别，可以互相寒暄。

这项研究的结果是什么呢？第一个结果是，无论哪种场景，平均报价都未受到接受方性别的影响。这太棒了！第二个结果则令人不安，且完全符合我的发现，即男性接受方往往能得到比女性接受方更高的报价。第三个结果呢？男性接受方得到的最高报价来自女性报价方。

这种设计非常巧妙地展现了个人因显著特征而被区别对待的可能性。这些特征包括性别、种族、年龄和表现等，它们与技术、能力和才华等真正重要的东西并不相关。

“那又如何？”你可能会问，“这种偏差又不会造成严重后果，没有人会因此得到工作或失去工作，更没有人因此错失改变人生的机会。”

事实并不是这样。高风险现场实验已经提供了足够多的相关证据，我也相信这一偏差会带来极大的负面影响，比如严重阻碍你的远见思维之旅。因此，你需要认真对待他人的无意识偏差。

我们以简历实验得到的大量数据为例。简历实验的基本思路是，根据招聘广告向真实的招聘方发送简历，并随机改变出现在简历最上方的姓名。例如，选择带有不同性别特征的名字，以测试男性是否比女性更容易被选中。再如，选择带有某种明显种族特征的名字，以测试筛选者是否对某一特定种族的候选人有无意识偏好。

最有影响力的简历实验之一来自玛丽安娜 · 贝特朗（Marianne Bertrand）和塞德希尔 · 穆来纳森（Sendhil Mullainathan）①。2004 年，他们根据波士顿和芝加哥的 1 300 则招聘广告发出了 5 000 份简历。他们给这些简历随机分配了听起来像非裔美国人或白人的名字，以测试招聘方在选择候选人时是否有种族偏好。他们发现了什么呢？“白人”收到面试邀请电话的概率比“非裔美国人”高出 50%。更重要的是，在所有职业、所有行业和所有规模的公司中，这种对白人候选人的明显偏好普遍存在。

这些基于虚构简历的实验还有力地证明了高龄者和女性也会遭受歧视，而女性中又以育龄女性遭受的歧视最为严重。[4]

---

① 塞德希尔 · 穆来纳森是著名的经济学家。他与心理学家埃尔德 · 沙菲尔合著的《稀缺》讲述了我们是如何陷入贫穷与忙碌的，该书中文简体字版已由湛庐引进，由浙江教育出版社于 2022 年出版。——编者注

当然，你可能会大声问道："在过去的十几年里，这一切一定有所改变吧？"对此，我并不确定。距今更近的研究显示，这种差距仍然存在。2019 年，牛津大学纳菲尔德学院社会调查中心开展了一项研究，其结果进一步证明了这一令人沮丧的事实。该项研究的对象来自 33 个少数族裔，研究人员给他们随机分配了不同的岗位招聘信息。研究结果是什么呢？白人每发出 4 份求职申请就能接到一个面试通知电话，比例为 1/4。对其他族裔的人来说，这一比例则只有 1/7。

你还是不相信？还有更多证据证明，人们可能会因与能力、技术、才华毫无关系的因素而被区别对待。2017 年，林肯・奎兰（Lincoln Quillan）及其同事对 24 项针对劳动力市场的实验研究进行了元分析，结果显示，自 1989 年以来，非裔美国人在美国遭受的歧视并未减少。克劳迪娅・戈尔丁（Claudia Goldin）和塞西莉亚・劳斯（Cecilia Rouse）进行的一项研究也非常有名，该研究表明，在 20 世纪 70 年代和 80 年代，得益于美国各管弦乐队采取的盲选方式，女性进入后续遴选环节的概率提升了 50%。2016 年，我和戴维・约翰斯顿（David Johnston）开展的一项研究也有力地证明了，在经济衰退时期，由于老板和经理的种族偏见，非白人比白人更容易失业。

在资源短缺时期，所有工作者都倾向于通过创建小圈子来保护自己免遭失业。所谓小圈子是由同事组成的，具有排他性，圈子里的人会共享信息和机会，彼此之间有着同志情谊。小圈子成员的选择依据往往与技术、能力或才华无关，所以对组织本身来说并非好事。更糟的是，小圈子的组建往往是无意识的。

代表性启发式

我在本章开篇为你介绍了亚历克斯，一个渴望创业成功，却拒绝听取反馈的人。亚历克斯拦下我，一定要告诉我其新产品创意有多了不起，在此之前，亚历克斯已经搞砸了20次向投资人推销自己的创意的机会……（如果你没看到这一部分，请花点时间往前翻几页看一看。）

你想起来了吗？在阅读这段故事时，你脑海中是否浮现出了亚历克斯的形象？停。你是否留意过自己赋予这个形象的性别、年龄等特征？

现在让我们花点时间好好反思一下你对这些特征的选择。

你脑海中的亚历克斯是男性吗？美国有句谚语：如果一个东西看起来像只鸭子，走起来像只鸭子，那它就是只鸭子。

你猜怎么着？亚历克斯是女性！

在判断一个人能否胜任某项工作时，如果只考虑他与大多数从事该工作的人的相似度，那就是遭遇了代表性启发式（representativeness heuristic）。这里的“相似”可能指性别、年龄、种族，以及其他可在初见时推断出来的特征，比如外向性或条理性。

举个例子，杰斯是个电影迷，喜欢参加世界各地的电影节，而且从小就爱演独角戏逗家人朋友开心。

那么，在“杰斯是一家主流报纸的影评人”“杰斯在银行工作”这两项陈述中，哪一项最有可能为真？

就像许多读者会认为亚历克斯是男性一样，很多读者也会自然而然地认为杰斯是个影评人。

为什么呢？因为我对杰斯的描述符合大多数人对影评人而非银行家的刻板印象。事实上，杰斯从事银行业的可能性更大，因为就各个国家而言，银行业的从业人员比影评人多得多，许多银行家私下里都是电影迷。

为什么会有许多人认为亚历克斯是男性？因为男性创业者更常见。[5]我在讲述那个故事时并未透露亚历克斯的性别，所以你有可能会基于代表性启发式做出假设。我们都会使用心理捷径来做判断和推断。在亚历克斯的例子中，你的心理捷径依赖于你对创业者的刻板印象。你依赖于自己脑海中的创业者形象，该形象来自你过往与创业者的接触，或者来自电视。你的认知并不会给亚历克斯带来麻烦，毕竟她可不知道你是怎么想的，而且依我浅见，你也无法阻碍她未来的发展。不过，要是高风险的决策也受到代表性启发式的影响，那就麻烦了。受代表性启发式影响，人们判断你是否适合某一岗位的依据并非你是否具备特定的能力、才华或技术，而是你身上那些与此不相关的特征，因此，这种偏差会阻碍你实现远大目标。

统计性歧视

在一次午餐圆桌会上，我遇到了朱莉。那次会议讨论的是如何通过行为科学课程来增强复原力。朱莉在会前给我发了电子邮件，邀请我在会后喝杯咖啡。我之所以对朱莉印象深刻，是因为她提议我们买杯咖啡，边走边喝边聊，这样既可以呼吸新鲜空气，又可以让我前往下一个目的地，换言之，她为我提供了便利。

最终，朱莉陪我走了大约 3.2 千米，将我送到了伦敦政治经济学院。一路上，我们还欣赏了伦敦的一些风景名胜。她告诉我，7 周前她才返工，在那之前，她休了 2 个月产假。是的，2 个月，这不是笔误！朱莉一直工作到了进产房那天，她生下了一个很健康的宝宝，体重约 3.2 千克，取名杰克。她原计划只休息 4 周，事实证明，这是典型的计划谬误。最终，她不得不将返工时间推迟了几周，好让自己的身体恢复过来，并养成定时喂养母乳的习惯。我们聊天那个时候，朱莉已将杰克交由自己的母亲照顾，她自己则已经回到工作岗位，做好了重新服务客户、为公司赚钱的准备。

问题是，在朱莉休产假期间，她的客户被分给了其他同事，他们不愿意将客户还给她。这也不算出人意料，朱莉以前就见过这种事，也明白同事们不愿将客户还给她的原因。他们的收入与其为公司创造的利润是挂钩的，抓住大客户，让大客户多下单可以让他们赚得更多。

朱莉已经准备好与自己的经理据理力争，要回客户，但对方选择以柔克刚，这是她没有想到的。朱莉的经理海伦告诉她，公司里的大多数女员工都休了 6 个月产假，她能回到工作岗位是很好，但有了新的家庭重任后，公司并不认为她能够回到生产前的工作水平。海伦建议朱莉放慢脚步，退居二线，辅助同事的工作。

朱莉成了统计性歧视（statistical discrimination）的受害者。海伦先入为主地认为，公司里其他新手妈妈的情况同样适用于朱莉，但她错了，朱莉与她们不同。

如果我让你描述一下你刚认识的某个人，列出对方的 5 个特征，你很可能会提到对方的年龄、性别和种族，外加 2 个外貌方面的特征，比如衣着邋遢或整洁、头发颜色、有无胡子等。

> **统计性歧视意味着，你在记下对方的发色和衣着的同时，也在下意识地根据这些特征判断此人的性格。**

例如，有一种刻板印象是女性能投入工作的时间少于男性，因为她们生孩子时需要休产假，还需要承担更多的家庭责任，所以人们可能会认为身为女性的简也是如此。在英国，黑人的平均受教育水平低于白人，所以人们可能会误以为身为黑人的弗兰克也是如此。

统计性歧视为何值得我们重视？如果简参加了一场工作面试，面试官们也认为男性员工的休假时间更短，那他们就有可能将这份工作给身为男性的约翰。如果弗兰克参加了一场社交活动，活动中的其他人也认为黑人受教育水平不高，那他们可能就不会花时间与弗兰克聊天。

在伦敦政治经济学院授课时，我喜欢将统计性歧视与刻板印象歧视区分开来。简和弗兰克的个人发展因不公平的对待而受阻，但原因不同，前者的原因被阿莉·霍克希尔德（Arlie Hochschild）称为“第二班”（Second Shift），这个概念是她在 1989 年出版的《职场妈妈不下班》（*The Second Shift*）一书中提出的，而后者的原因是英国教育系统中存在的不平等。其他人不假思索地将这些平均情况套在了他们身上。

我们可以从数据中找到这些不平等现象存在的证据。错误的刻板印象也可能影响群体。错误的刻板印象是指那些没有数据支撑，但仍被套在一个群体上的印象。例如，对男女数学能力差异的刻板印象是毫无根据的，但这种刻板印象毫无疑问会影响人们的职业发展。人们认为男孩比女孩更擅长数学，这有数据支撑吗？当然没有！

偏差是基于刻板印象和统计数据而形成的，这些偏差又成为代表性启发式的依据。人们会勾勒出适合某一角色的人的形象，即便直觉告诉他们，这些形象并不合理。我们一生中都会遭遇这些偏差，许多人在实现远大目标的过程中也会受到这些偏差的影响。

那有应对之法吗？当然有！

行为科学见解

见解 1：避开无意识偏差、代表性启发式和统计性歧视

我们讨论了无意识偏差、代表性启发式和统计性歧视，理论上，这三个概念是可以分开的，但当你真正面对其中之一时，你很难辨别到底是哪一种。你只会意识到，别人评价你的依据与你的能力、技术、才华无关。这三个概念并不互斥，甚至可以说统计性歧视和代表性启发式是无意识偏差的潜在诱因。

值得庆幸的是，虽然你可能很难区分它们，但避开它们的方法是相似的。

首先，在运用远见思维时，你不能让刻板印象和代表性启发式左右自己。就算你的社会经济地位、种族、性别或其他特征不符合人们对你想成

为之人的想象，你仍然有可能成为自己想成为的人，只是过程更艰难。无论如何，请记住一点，你一旦成功，将创造出巨大的价值。为什么？因为我们所做的工作往往会直接或间接地服务于社会中的其他人。按理来说，相似之人会更清楚彼此的需求。社会经济地位高的人真的知道如何分配公共服务，才能更好地服务于各收入水平的群体吗？男性真的知道如何编写、导演并制作出能得到男女同等喜爱的娱乐节目吗？如果零售企业和服务型企业的高管都来自同一地区，他们真的了解全球消费者的品位和偏好吗？

如果社会中已经存在对某一特定角色的刻板印象，而你与该印象不符，记得提醒自己，这是一件好事，说明你拥有其他从事该工作的人所不具备的优势。你能从中获得竞争优势。多样性是非常符合商业逻辑的，它并不是一个温暖但缺乏实质意义的词。

> **如果你与过去那些追求同一目标的人不同，请记住，这是好事！**

还有谁比你更适合去打破偏差呢？让这句话成为你的信念，并记住自信是可以培养的，继续向前奋进吧。

当你的面试官、你的商业创意的潜在投资人、你所依赖的拥护者也持有刻板印象，且更糟的是，他们的行为也会受到刻板印象的影响时，你该怎么办？

答案很简单，也极其令人沮丧，那就是你必须比其他人更优秀。

行为科学研究表明，与刻板印象不符的人也能成功，但他们需要比那些相符者更优秀。如果你听说，要得到同样的机会，自己必须比其他人更优秀，那可真是太糟心了，而且非常不公平。一定还有更简单的解决方法！不过，在等待世界发生改变的同时，我们是否也可以做些什么来提高自己的成功率呢？

是的，我们有很多事情可做，其中最主要的是研究。你应该研究什么呢？与“进阶版自己”将从事的工作及其渴望获得的技能相关的标识。这是什么意思呢？你知道自己非常适合这份工作，但对你想聘用的对象、赞助的对象，或者你以顾问或自由职业者的身份为其工作的人来说，他们并不知道这一点。你可以先努力获取与自己梦想中的工作相关的标识，然后借助它们将这一信息传递给他们。

受刻板印象和代表性启发式的影响，人们会将特定类型的人与特定的角色联系在一起，同理，人们也会通过特定的标识来判断你能否胜任某个角色。这类标识包括参加某些会议的经历，以及在某些圈子里建立的人脉。这些都是你在短期内可以做到的事。你需要找出能服务于你的远大目标及相关重大事件的标识。如果你无法轻松获知自己需要什么标识，那就问问你新结交的那些人（见第 1 章），然后尽可能地获取这些标识。

除了获取这些标识，你还要让他人清楚地看到你拥有的技术、能力和才华。如前所述，你可以通过简明扼要的电梯游说来做到这一点，并告诉对方你能创造什么价值。你也可以将个人简介附在自己的简历顶部、领英主页顶部，以及你需要填写的申请表或标书的显眼处。

> **请记住，人们对刻板印象的反应大多是无意识的，所以要努力给自己添加标识，这有助于他人迅速将你识别为你所在领域的专家。**

见解 2：不是每个人的建议都有同等分量

我在一家金融服务公司举办的活动上认识了阿米塔，在那次活动中，我谈论了反馈中存在的行为偏差。阿米塔刚经历了一场职业发展审查。世界各地的企业都会开展不同形式的职业发展审查，很多人都经历过。

职业发展审查的意图是好的，让员工有机会定期（通常是一年一次）反思自己做得好与不好的地方。遗憾的是，职业发展审查的质量因审查人员的不同而参差不齐。阿米塔的经历就很糟糕。她一边喝着红酒，吃着细腻的蓝纹奶酪，一边向我讲述了这件事。

审查人员打着帮阿米塔提升展示技巧的旗号，要求她改善口音。这令她十分沮丧，毕竟口音是她固有的一部分。再者，她的口音并不严重，我不理解为什么有人会认为“改善口音”可以帮助她更好地传达信息。被要求改善口音不同于被要求放慢语速，给人们消化信息的时间，也不同于被建议说话声音洪亮、吐字清晰，以便人们听清你在说什么。

我很理解阿米塔，几年前，有位教授也给过我类似的“建议”。（补充一点，我是有爱尔兰口音的。）有趣的是，那位教授似乎有着良好的出身。我感觉不出给我和阿米塔提建议的人有何恶意。那位教授不是故意刁难我，而是认为改善口音能让我在公共场合谈论自己的研究时更有亲和力。他对“亲和力”的理解似乎是以电视和广播中的那些人为标准的。[6]我和阿米塔一样，也因此感到且有理由感到心烦。与阿米塔一样，我的口音也是真实的我的一部分。我很乐意看到自己的口音受身边人的影响而不断改变，但我绝对不会为了迎合某种社会标准而伪装自己。阿米塔也不应该这么做。

在整个职业生涯中，我听到过各种建议，其中被我摈弃的还有“要把自己当回事”和“不要太直接”。我拥有自嘲的能力，也倾向于直白地表达观点，两者都是我的一部分。我若想获得成功，就离不开这些性格特征。对于某些特征，我也乐意努力去改变，比如我在前文提到过，我一直在努力改掉急躁的毛病，并控制自己对即时满足的欲望。多年来，我一直在努力增强自己的复原力。如今，我每天都在努力提升自己的表达能力，试图将深奥的行为科学知识讲解得通俗易懂。“改善口音”这个建议对我是没用的，因为我不可能做到，就算能做到，我也不会去做。

在收到反馈时，你首先要问自己，你愿意听取关于自己哪方面的反馈。你要清楚地知道哪些性格特征是你不会改变的，这能帮助你避开陷阱，也就是那些会侵蚀真实的你的建议。有时你还会得到一些错误的建议，这些建议是基于有偏差和盲点的人所构建的社会规范。你要清楚自己的底线，这能让你保持真实的自我。

曾有许多人询问我能否办一场提升员工自信心的讲座，但从未有人邀请我办一场让内向者能自在地参加各种会议的讲座，也从未有人邀请我为外向者办一场讲座，让他们在重要的对话中有意识地争取尽可能多的开口机会。这是为什么呢？

人们通常认为，能力强的外向者可以在会议上畅所欲言。久而久之，外向者成为榜样。然而，你若是个天生的内向者呢？你真的愿意为了看起来合群而改变自己与生俱来的特质吗？这听起来也太惨了。

在敞开心扉听取反馈之前，先认真想一想你之所以是你的原因，这有助于你过滤掉无用的建议，筛选出能让你朝着自己的目标前进的建议，只有这样的建议才是你需要听取并践行的。永远不要用真实的自我去换取别人的认可。

好，你马上就要接收反馈了，那你应该注意什么呢？

首先，你要遵循一条重要原则：

> **只要有人给你反馈，你就应该倾听。原因很简单，为了你，他们正在牺牲自己最宝贵的资源——时间。**

其次，你要谨记一个重要的限制条件。如果收到的是负面反馈，而你并不认同（这种情况可能会发生，毕竟每个人都有自负的一面），那就再听听其他人的意见。理想情况下，你应该寻求三个人的反馈。为什么是三个人？因为你需要弄清楚，是你因自身偏差而听不进别人的合理反馈，还是对方受自身的行为偏差和盲点的影响给出了不合理的反馈。这三个人应该尽可能相互独立，也就是应该互不认识，至少不会经常交流。

然后呢？如果你所选的三个人给出了一致意见，那你就不能把它视为偶然，而要认真对待。一如我在前文所言，如果你死了，你就应该躺下。此刻你不该犹豫，而是应该解决他们指出的问题。

如果另外两个人有不同意见呢？那就摈弃第一个人的反馈，因为该反馈受到了此人的行为偏差和盲点的影响。如果此人身上有许多值得你学习的地方，那你可以再去请教他，但要记得取其精华，去其糟粕。不过，一般来说，你是不应该再接近此人的。如果对方主动向你兜售自己的“金玉良言”，请他提供事实依据。如果他再三找上门来呢？不要搭理他。

谁的意见值得重视？那些愿意花时间给你反馈，且给出的反馈有助于你实现远大目标的人。这些反馈可能关乎你即将推出的产品、正在磨炼的技能、正在建立的社交圈。借助三人法则，你会慢慢弄清楚谁才是值得重视的人。那些真心想帮助你进步的人给出的反馈才是你应该倾听的。

> **反馈不是一种民主制度，并非所有“选票”都有同等分量。你慢慢就能弄清楚谁的反馈更重要。**

主动寻求有助于强化优势、减少困难的反馈是一种冒险，可能会给你招来一些以贬低你为乐的人。这被称为高大罂粟花综合征（tall poppy syndrome），就是一种抨击正在取得伟大成就之人的倾向。当然，何为“伟大”是主观的，在某些圈子里，只是改变现状就足以让你成为一朵高大的罂粟花。

研究发现，各种群体都会受到高大罂粟花综合征的影响，比如初创企业的老板、著名企业家、成功的女性等。[7] 因此，对于反馈，你要始终记得去伪存真，始终坚持经验教给我们的三人法则，这非常重要。

见解 3：避免被误贴标签

两年前，吉姆的升职申请被拒，这令他有点泄气。我和他约在咖啡馆见面，那时的他已经从打击中缓过来，并得到了信任之人的反馈。吉姆晋升失败的主要原因是公司的一名核心高管认为他不可靠。吉姆突然想起他与那位高管共事过一次，但那回他在上班路上遇到了铁路工人罢工。吉姆住在伦敦郊区，公司在市中心，两地相隔甚远，而他根本不知道火车还要多久才会出现。

铁路工人罢工致使他开会迟到，不幸的是，他因迟到而被误以为不守时、不敬业。没人看到，在天色未明的冬日清晨，吉姆孤独地站在寒风中等待根本不会出现的火车。其他与会者太过忙碌，只注意到吉姆有几次早上开会迟到，对他的解释却充耳不闻。

你是否也曾遇到过关于你的叙事与真实的你有所出入的情况？你是否曾冒出“真不知道他们怎么会这么想”的念头？这时的你很可能就成了基本归因错误（fundamental attribution error）的受害者。你有能力，也应该将其扼杀在萌芽状态。

在基本归因错误的作用下，我们会将一个人的行为归因于他的人品而非环境。例如，吉姆的坏运气（环境）被归因于他不守时、不敬业（他可以控制的行为）。当你因生病而未能按时完成工作，那些需要与你对接工作的人通常会将此事归因于你不认真工作，而非归咎于环境。同理，如果你与某人的合作出师不利，那你们可能无法建立良好的工作关系，更遑论发挥巨大的协同效应。这种情况随时有可能发生，那人可能是打断了我们的会议，没有回复我们的电子邮件，或者不让我们参加头脑风暴会议。在基本归因错误的驱使下，我们的即时反应是咒骂，而非深思熟虑，其实这个人可能刚刚经历了糟糕的一天，出错只是暂时的。

在我们不太了解对方，或因过去合作不愉快而不想进一步了解对方时，基本归因错误就有可能发生。

此时，证实偏差会乘虚而入，驱使我们搜寻并回忆那些能证实自己观点的信息。在吉姆的例子中，这意味着当同事们说吉姆的坏话时，那位高管会竖起耳朵仔细听，而当同事们夸赞吉姆时，他则会充耳不闻。

通过严谨的研究，人们发现基本归因错误会影响高风险决策。例如，你打算创业，想要扩大资金规模，这时你可能会想办法争取风险投资。通常来说，风险投资人除了能为初创企业提供资金，还能提供专业的知识与技能，让其获得竞争优势。他们的支持还会向其他投资人释放出一个信号，即这是一家优质企业，值得关注。这一信号可能会产生良性循环，极大地增加这家初创企业的成功率。[8]

选择投资哪家初创企业属于高风险决策，随之而来的问题是风险投资人在这方面的眼光和能力如何，毕竟他们的选择可能成就一家企业，也可以毁掉一家企业！

乔尔·鲍姆（Joel Baum）和布赖恩·西尔弗曼（Brian Silverman）在2004年发表的一篇论文中指出，尽管风险投资人非常擅长挑选具有发展潜力的初创企业，但基本归因错误仍然存在。具体来说，基本归因错误会令他们高估自己所投资的初创企业的人力资本。简单来说就是，如果他们正在考察的候选企业曾做出成绩，他们会将之归因于该企业中的人，而非天时地利。

基本归因错误对你的远见思维之旅意味着什么？意味着如果你走运，那这份好运就会归因于你本人，随之而来的连锁反应是你会加速前进。反过来，如果你不走运，那糟糕的结果也可能被归咎于你本人，而非其真正的原因——随机事件。举个例子，假设你正在生产一款产品，与你合作的一家公司被曝出付给工人的工资低于最低工资标准。尽管你已经做了尽职调查，且能轻而易举地证明此事，但你的客户和投资人仍会将这类违规行为与你的公司联系起来。这份坏运气会毁掉你的声誉，让你失去客户的信任和投资人的支持，最终让你蒙受损失。

值得注意的是，基本归因错误是把双刃剑，谁也不知道它对你是利是弊。或许好运降临，你能因基本归因错误而获得竞争优势，并乘势而上。

最重要的小贴士：避开基本归因错误

这很难，你需要掌握高超的沟通技巧。

当你不走运时，你要告诉对方这只是偶然事件，并不是你的技术和能力有问题。如果你擅长讲故事，可以用趣闻的形式来解释。如果你不擅长讲故事，那就紧扣事实，清楚地告诉对方你尊重他的时间。你要告诉利益相关方，这种偶然事件不会发生第二次，你有信心下次能够取得好的结果，以此打消他们的疑虑。

见解 4：擅用信息级联

我最近参加了一场专题研讨会，想听听金融界高层人士谈论如何增强银行业对各类人才的包容性。专家组由各行各业的领袖组成，他们经常在这类活动上发言。

我特别感兴趣的话题是包容性，以及如何确保技术和能力是人们获得机会的唯一依据。一想到能在这场活动中认识一些新的人我就很兴奋，我相信，他们中的许多人只要愿意，就有能力打破自己执掌的企业的现状。

活动开始后，先是有两个人强调了自己掌管的企业在包容性方面做得很好（你若觉得这个世界已经足够好，就不会再去改变它了）。第三个发言人指出，一个人若想被接纳，需要具备自信和社交能力。“来参加这样的活动吧，花点时间与我们聊一聊，这是对你自己负责，”他说，“我们就在这里，期待与你相见。”我非常支持人们对自己负责，自己决定自己的未来。不过，责任是双向的。我们不能无视现实，假装竞争环境是公平的。如果你有能力创造公平的竞争环境，那提供这样的环境就是你的责任。

你可能会耸耸肩，心想：“这只是一种观点。他们接下来还说了些什么？”事实上，由于第三位发言人引发的信息级联（informational cascade），其他人也就没有再提出多少不同见解了。信息级联指的是，人们被先发言者的观点牵着走，没有提出自己的独到见解。然而，我们只有提出不同的观点，才有可能贡献价值。我们为何要附和先发言者呢？当我们探讨的是周围人熟悉且认可的事情时，我们会因为与他人观点相同而获得他人的喜爱。若我们的观点与他人不同，则会招致他人的反感。

第三位发言人显然深受专家组其他成员的敬重，他的声望引发了信息级联。那天我兴致勃勃而来，期待收获一些新颖的见解，却失望而归。整场讨论并没有真实反映出在场众人的水平。

你可能遭受信息级联阻碍的情况主要有两种。第一种是你面向一群人的展示，他们会审议你是否取得了预期的成果，或者评判你的表现。这样的例子有很多，比如向客户推销项目创意，向潜在投资人展示商业理念，向高管推荐新的管理方法，在他人评估自己的工作成果时为自己辩护，等等。这时，如果有人给出了负面评价，其他人也可能会给出负面评价。

第二种是你拥有发言权的重要讨论会。如果为了实现远大目标，你需要展示出自己的领导潜能、创造力或创新性，那你在会上的表现就至关重要。例如，如果你是某家初创企业的创始人之一，那你与其他合伙人召开的小组会议往往决定了你们公司的产品。我相信你也知道，重要事务一般都是通过小组讨论决定的，但你确定所有人的观点都能得到同等重视吗？还是说某一个人或某一种观点在整场讨论中占据了主导地位？

这里有两点很重要，你必须记住。第一，影响你前进的重要决策源自你所参加的会议。第二，在这些会议上，决策的过程饱受偏差困扰。

对此，你感到惊讶吗？你过去是否认为群体决策的结果会优于个体决策的结果？毕竟三个臭皮匠，顶个诸葛亮，对吧？一个人的盲点，另一个人可能没有，这样就能相互抵消。你据此推断，集体决策的结果应该优于个体决策的结果之和。

要实现这一点，所有与会者都需要畅所欲言，让自己的声音被听到。所有人都需要为了集体而非个人的目标而努力。来自实验室和现场的经验证据表明，事实并非总是如此。[9]大多数时候，会议会受到群体思维的影响。

群体思维的第一个问题是，它会让人们聚焦于共识，这能让他们自我感觉良好，正如我在那次专题研讨会上的经历一样。你下次参加会议时，可以坐等信息级联的出现。

在小组活动中，谈论每个人都熟悉的事情会令我们自我感觉良好，气氛也会很融洽，不会出现令人尴尬的沉默。每个人的发言都是从共识出发。

这对决策意味着什么？你可以组建全世界最多元、最聪明的讨论组，但若各个组员未能贡献自己的独到见解，那小组讨论将毫无意义。花太多时间反复重申已有的观点就是在浪费时间，这一点显而易见。就众所周知的事情展开讨论可能会让我们自我感觉良好，但它的好处也仅止于此了。

群体思维的第二个问题是，那些影响着日常决策的认知偏差会在小组讨论中被放大。前文已经介绍了很多种偏差，比如计划谬误、代表性启发式、沉没成本谬误和自利性偏差。群体思维除了会放大这些个人偏差外，还会令群体成员过度关注内部共识。

如果你不是会议主席，你该如何打破会议中的群体思维？如果你是一名与会者，而非只能听他人各抒己见，其他什么都做不了的旁观者，那你在已经产生信息级联的会议上提出一个新的观点，是得不到多少支持的。

这时你该怎么办呢？在表达自己的观点前，你可以先重申一些共识，这样就有可能赢得他人的好感，因为你也算遵守了与会者下意识维护的礼仪，即一遍遍地重复相同的观点。没必要让场面陷入尴尬，你可以从他们业已提出的观点中挑出一个自己真心喜欢的，再次强调一下。

接着，你看似漫不经心地提出与众不同的观点，务必几句话说完。另外，你的观点最好是基于事实和证据，而非个人臆测。如果有确凿的证据能证实你的观点，你要说出来，让其他人知道。会议中，基于个人经历和直觉发言的人太多了，这些人的观点很难得到他人的重视。如果会议讨论的是你十分关注的议题，那就提前做些准备工作，拿出可靠的事实和数据来改变他人的想法。

如果你能提前知晓参会者名单，那就根据他们的偏好调整你的表达方式，努力激发他们的兴趣。如果你要提出完全背离共识的全新观点，这一准备工作将有助于你打破群体思维。

在陈述完自己的观点后，你要指定下一个发言的人，不要任由信息级联按会议主席的意愿流动下去。你可以这样说："就我提出的第二点，我还要向与会同行们多多请教，比如 ×××（姓名），他 / 她在这方面……"如果你是会议主席，你可以通过随机请人发言的方式打破信息级联，而不要让大家举手发言。如果你不是会议主席，没有决定发言顺序的权力，你仍然可以指定在你之后发言的人，并告诉对方，你希望他 / 她的发言围绕你的观点展开，这就能进一步突出你的观点。此举还有可能催生与该观点相关的信息级联。

你还可以更进一步，告诉与会者及时反馈很重要，希望他们在会议结束后写下自己的意见。这样做有两个目的：第一，让内向者和其他不常在会议上发言的人参与讨论，使你收到的反馈更加多样化；第二，会议议题可以留待下次开会时再做讨论并得出结果，前提是征得会议主席的同意。在提出有悖于当前信息级联的新观点后、做出决策之前留出一些时间，这有助于剔除决策时的情绪因素，让你的观点被采纳的可能性最大化。

在一场会议上，如果其他与会者会对你进行“实时”评判，而你能就他人的评价给出反馈，那么，尽管你改变级联的可能性会更小，但可用的策略是一样的。如果当前的信息级联对你有利，那就任由它流动下去，毕竟你参加会议的目的是获得一个好的评价。如果只有与会者共享信息，形成级联，你才能得偿所愿，那就让他们去共享吧。这样他们开心，你也开心。你只需要将此归功于运气，感谢上苍。

如果信息级联对你不利，你就要在发言时提出新的观点，并指定下一个发言的人，请对方评价你的观点。请记住，你要尽可能强调事实和可靠数据。

如果我们既要接受他人的评判，在最终决策时却没有发言权，那该怎么办呢？

见解 5：正确应对他人的评判

我在一场大型会议上认识了亨利，该会议的目的是团结那些支持金融服务的律师。我受邀发言，介绍如何利用行为科学见解提高团队合作效率。在现场问答环节，亨利出人意料地问了关于展示推介的问题。他特别想了解在为自己的团队争取新项目时，展示提案的最佳时机是什么时候。

这个问题与我的演讲内容无关，但我还是给出了自己的建议，即如果能自主选择展示顺序，那就最后一个展示，前提是最后一个展示机会不是刚好卡在午饭前。

大约 8 周后，亨利发邮件给我，他说自己尝试了我的建议，很奏效，他已经拿下了新的项目。我很快回复他，成功了一次不代表能够连胜，未来他还需要认真评估其他结果。不过亨利激发了我的兴趣，我开始思考，当一个人面对评委组进行展示推介、面试或"现场"表演时，决定他成功与否的因素究竟是什么。事实证明，这是行为科学中一个非常有趣的研究领域。

我们一直活在他人的评判中，这涉及生活的许多方面，比如应聘一个职位、提交一篇文章、发表公开讲话、推销自己的绝妙创意、辩论、试镜、在会议上发言，甚至是和同事一起喝咖啡。在这些情境中，别人会一直关注我们，评判我们的表现是好是坏，决定是否应该认真对待我们。就算我们准备充分，别人评判我们的过程仍会存在行为偏差和盲点。那我们如何才能提升自己的成功率呢?

你打算去争取投资？事实证明，你向投资人展示自己的创意的时机或顺序会对最终结果产生重大影响。如果投资人会给每个陈述人打分，那么尽可能最后发言或许对你最有利。[10]

在面试等不会给出正式评分的情境中，你若能自行选择出场顺序，务必注意两个效应。一个是近因效应（recency effect），研究表明，一个人出场的顺序越靠后，评委越能记住他，对他也就越有利。另一个效应恰恰与之相反，叫首因效应（primacy effect），指的是第一个出场的人能获得最准确的评判。

如果你认为自己的创意很棒，那就第一个展示。如果你没有十足的把握，并且知道评委会在所有人展示完后交叉对比参选者的表现，那就选择最后一个出场。这利用的是著名的峰终定律（peak-end rule），即一段经历中最令人难忘的是最强烈的体验和最终的体验。评委若能回忆起你说过什么，你成功的可能性就会增大，最后一个出场恰恰可以确保评委记住你！

那需要尽量避开的出场次序是哪些呢？除非你确定自己的表现能成为评委眼中的全场最佳，否则尽量不要选择在中间出场。[11]

最重要的小贴士：展示推介

我们在第 2 章中探讨了情感启发式（我们的情绪）对决策过程的影响，结论是情绪会对决策产生重大影响。这也意味着情绪会影响专家组、观众或评委对你的看法。这对你的展示推介又意味着什么呢？

1. 要注意避开评委容易暴躁的时间段，比如午饭前和长时间未休息时。

2. 在准备展示时，要谨记情绪的影响力。峰终定律意味着，与评委建立了情感联系的选手更容易被记住。用简单的故事赋予你的展示更重大的意义，这样才有可能引发评委对你及你的创意的共鸣。如果你打算争取投资或一份顾问的工作，那就用生动的故事讲出你的产品或服务能给世界带来的附加值。如果你打算参加工作面试，那就通过故事让面试官全面了解你的相关工作经历。如果你打算争取一个延展性服务项目，那就用故事来阐明成为该项目的负责人对你的职业发展有何意义。

见解 6：良好的社交圈

我在参加一系列关于行为科学和文化的圆桌会议时认识了罗布。罗布与妻子平均分担了育儿责任，且对灵活工作充满热情。他是如此热爱工作，甚至没有时间与同事共进午餐或一起喝咖啡。在办公室工作时，到了午休时间，他会大口吃完自制的三明治，然后继续工作。这些都是罗布本人告诉我的。在我参加圆桌会议的第三天，他特地赶来见我和其他与会者，并与我们共进了午餐。他特地强调了外出吃午餐对他来说是一件多么不寻常的事情，以及我应该感受到他对这次会面的重视。罗布还自称是天生的行为科学家，对我的工作极其感兴趣，问了我一大堆问题，也很认真地倾听我的回答。他甚至邀请我参加他每月组织一次的早鸟晚宴。

我去了，那场晚宴特别有趣，我还发现罗布其实深受同事的喜爱，这挺不可思议的，毕竟他很少参与他们的日常活动。他组织的晚宴并不只是社交活动，他的几位同事说，每当他们在工作上遇到困难并向他求助时，他总会不吝帮忙。此举也让他收获了回报。罗布并没有加入身边的小圈子，且几乎没有与任何合作者建立紧密联系，但他仍然获得了同事的喜爱和合作者的尊重，一般来说，这些都是要与他人建立紧密的联系才能获得的。

如果你每天都要与各种同事打交道，你会发现有些同事之间的关系很密切，他们与其他同事则关系一般。如果你正在上大学，你会发现有些同学经常一起吃饭或喝咖啡。如果你租用的是临时办公室或服务式办公室内的轮用办公桌，你会发现某些租客之间的合作会比其他人更融洽。如果你经常参加社交活动，你会发现有些圈子之间的联系比它们与其他圈子的联系更紧密。如果你是一家初创企业的掌舵人，你会发现有些创业者的关系很好，他们与另一些创业者则只是泛泛之交。

> **我们倾向于建立小圈子，并与这个圈子里的成员一起参加社交活动、偶尔聚会、沟通交流。**

这很重要吗？

从表面上看，这并不重要。有些人害怕被排挤，我却害怕被拉入这种圈子，这样的人很可能不止我一个。很多人虽然喜欢自己的公司，但害怕一连几周都得参加社交活动，尤其是与工作有关的社交活动。如果有人组织了各种各样的活动，但没有叫上我，我完全不介意，还希望他们可以经常这样做。不过，随着认知偏差在圈子里传播，身处小圈子的你是否会错失一些有助于你实现远大目标的重要机会呢？

简单一点的回答是“是的”。

多种偏差驱使着小圈子的成员以照顾自己人为先，其中包括在机会出现时通知他们。熟悉效应（familiarity effect）确保了小圈子内的个体更受青睐。小圈子中也存在光环效应（halo effect），即是说，如果你对某人有好感，认为他值得相交，那你就有可能将其他优点与他们关联起来，比如技术高超、能力出众和才华横溢。群际偏差（intergroup bias）也会导致小圈子的成员对自己人有更高评价。在经济或社会不稳定时，小圈子的成员可能会更加团结，当形势恶化后，他们可能就不会顾及小圈子以外的人。

有些小圈子会将本应参与会议的人排挤在外，我不会把时间浪费在这种畸形的小圈子上。这是有人在拉帮结派。如果你感觉自己被某个小团体排挤了，一定要大声说出来，这很重要。你很可能会触发对方的防御反应，但无论怎么美化，排挤就是排挤。

畸形的小圈子与友好的小圈子存在明显的区别。作为人类，我们需要与他人建立联系。在空间上距离更近的个体相处的时间更多，他们之间会慢慢建立起共同利益关系，进而形成友好的小圈子。无论是在大学里，在你租用的服务式办公室里，在社交活动中，还是在日常工作中，你都应该花时间去寻找并加入这类小圈子。

为什么呢？原因有二：一是多接触其他人、多了解他人的想法对你有益，能帮助你成长；二是拥有良好的社交圈可以提升你的幸福感。

当然，你并不一定要加入友好的小圈子。当你与某个人只是认识，但不是好友（即强关系）时，你们之间的关系就是弱关系。已有充分的证据表明，弱关系也有利于推进你的职业发展，让你获得机会。[12] 请努力与友好的小圈子建立联系，弱关系或强关系均可，而这应该贯穿于你的远见思维之旅。

> **只有善待他人，才能取得进步，在这种友好的关系中继续前进吧！**

见解 7：在小事上获得认可

凯特琳很苦闷，她去年一年的努力并没有换来奖金或升职。更糟糕的是，当她向经理和经常合作的同事求助，希望得到指导或参与延展性任务时，她常常遭到拒绝。

凯特琳觉察到了异样，于是开始重新找工作。我认识她时，她正在咨询来伦敦政治经济学院攻读管理学硕士学位的事宜。她已经走投无路，只得设法让别人对她另眼相看。提升学历确实可以释放出她正处于上升期的信号，但若是一边做着一份感觉自己不受重视的工作，一边攻读管理学硕士学位，她是不太可能出色地完成硕士课程的。

这类面谈通常是用来给咨询者概述课程的整体结构，以及将要学习的每一门课。攻读管理学硕士学位对凯特琳来说显然不是一条正确的路。因此，利用这次面谈，我与她探讨了她在当前公司可能获得的观摩学习和借调的机会，目的是让她接触到其他同事。此后不到 6 个月，凯特琳就被借调到了更高职级的岗位。

我之所以给凯特琳提出这个建议，是因为我发现她若想走出职业平台期，就需要先在小事上让他人“同意”她的请求。她当时的情况是提出任何请求都会遭到拒绝。被借调的一个额外好处是，她以后可能会受益于任职效应（incumbent effect）。该效应是指，一个人一旦就职过较高职级的岗位，在竞争其他与此平级的岗位时就更有可能被视为合适人选。

这个故事有一个圆满的结局。在我认识凯特琳 2 年后，她升职了，还得到了一笔可观的奖金！

凯特琳打破了一直被拒绝的现状，在向他人求助时不断得到“同意”。若想突破职业平台期，关键在于先得到第一次同意，而在小事上得到的同意是可以累积的。能够积累三次就足以证明你既有才华，又有能力，若这三次同意来自三个不同的人，那就更有说服力了。

行为科学是否可以帮助你在向新认识的人求助时得到“同意”呢？当然可以，现在就让我们来探讨一下“恭维”吧！

经济学家可能会非常冷酷，当然，我说的是学院派经济学家。众所周知，这个圈子很残酷，在顶级经济学系里，你鲜少能听到恭维的话，这种环境对女性的吸引力远不如对男性的吸引力，这也被认为是该领域女性如此少的一个原因。[13] 在开始与企业人士交流后，我惊喜地发现自己得到的赞美呈指数级增长。我很乐意相信其中一些赞美是发自内心的，也希望大部分赞美都是真心的，但赞美过多，且半数左右都很笼统，这就使我不得不冷静下来思考其中是否存在巴纳姆效应（barnum effect）。巴纳姆效应是指，在听到十分笼统的性格描述时，人们会认为那是在特指自己。换言之，那些话不过是毫无意义的恭维。是的，行为科学研究已经证明，毫无意义的恭维是能起作用的！

你可以利用巴纳姆效应来与他人建立融洽的关系。

巴纳姆效应为何会起作用？原因很简单，该效应迎合了我们的自我价值感。作为人类，我们喜欢良好的自我感觉，在自我价值感的作用下，我们会把更多的时间分给那些能让我们自我感觉良好的人。这一解释来自克雷格·兰德里（Craig Landry）及其同事在 2006 年开展的一项研究。该研究发现，在挨家挨户地上门募捐活动中，当募捐者是迷人的女性时，男性捐出的善款会更多。研究人员认为，这种额外的慷慨源自这些男性维持自我价值感和良好形象的需求。

这对你来说意味着什么呢？这意味着你应该以令人愉悦的方式提出自己的请求，也就是要让对方自我感觉良好。理想情况下，你能够发自肺腑地夸赞对方，让对方自我感觉良好，从而让你们的交谈更顺畅。真诚的赞美会对你大有帮助！不过，如果你的大脑一片空白，那一句泛泛的赞美也是可以的。记下几句这种赞美的话，以备不时之需！在巴纳姆效应的作用下，对方很可能会接受这些赞美。不过要小心，此举就像掷硬币，成败概率各占一半。你遇到的若是一个熟谙巴纳姆效应的人，那你给对方留下的印象很可能就是谄媚或不专业。由衷的赞美与真诚的互动始终是首选！

最重要的小贴士：争取机会

1．你还记得第 1 章中与寻求帮助有关的建议吗？它们同样适用于争取机会！在提出自己的请求时，你要告诉对方这是双赢的，并基于事实概述对方给予你帮助的成本与收益。

2．你可以从本章的“正确应对他人的评判”部分汲取经验，利用叙事让别人对你想要表达的观点产生情感共鸣。

如果你想让别人“同意”你的观点，那就要经常谈论它。为什么呢？因为有曝光效应（exposure effect）存在，该效应指的是人们往往会偏好自己熟悉的东西。因此，经常与他人谈论自己的观点会让对方记住它。此举还会带来一个好处，那就是你能听到他人的反馈，这有助于你完善自己的观点。

你也可以利用承诺偏差（commitment bias）来达到自己的目的。如果你需要得到某位与会者的“同意”，那就在你感觉气氛到位时请对方当场回复。承诺偏差指的是，人们一旦公开承诺要支持你，就很难反悔。认知偏差还有可能让他们对自己的这一决定感觉良好。这就实现了双赢！

承诺偏差的作用机制是什么呢？人们一旦下定决心，就不喜欢改变自己的决定，这时证实偏差就会发生作用。在新的信息出现后，他们会忽略与自己的决定相悖的信息，而过度关注能支持自己决定的信息。

如果你觉得这些做法听上去有点不择手段，你不喜欢，别担心，我和你一样。我个人更倾向于利用互惠偏差（reciprocity bias），虽然该偏差有时会对我不利，但大多数时候它都能帮助我获得他人的“同意”。这种方法的本质是，你希望别人如何对待你，你就如何对待别人。我渐渐发现，我喜欢使用这一方法的倾向催生了一种新的倾向，那就是我更愿意结交那些乐于支持我的各种计划的人，而我也会在他们需要时给予同等的回报。这种方法不同于巴纳姆效应，对我们这些无法忍受办公室政治和狗屁废话（我说的可不是行为科学[①]）的人来说，使用起来要容易得多！

---

① 原文用的 BS，是 bullshit（胡话）的缩写，与行为科学（behavioural science）的缩写一致。——译者注

见解 8：不要害怕被拒绝

我认识彼得时，他的会议公司刚刚取得初步成功，他知道自己的公司即将开始盈利。他来见我的目的是邀请我在他策划的一场活动中发表演讲。那天上午的彼得精力旺盛，滔滔不绝地讲述自己的成功之路，对于自己所取得的成就，他至今仍觉得难以置信。他还兴致勃勃地分享了自己如何教两个孩子朝着企业家这个目标奋斗。我问他传授给孩子们的经验主要是什么，他重点提到了两个方面：第一，你要拥有能给世界带来价值的创意；第二，就算一直被拒绝，你也要坚持下去。对此，我完全同意。

在过去的几个月里，彼得坚持不懈地约见能助他创业成功的人，那些人大都是赞助商和演讲者。他失败了很多次。即便他争取到了见面机会，拒绝他的人也不在少数。不过，他坚持了下来，因为他知道自己的公司可以为世界创造价值。经过不懈努力，彼得终于说服了其中一个人。当期盼已久的第一滴甘霖落下，随之而来的便是丰沛的雨水。

> **在远见思维之旅中，你会不时遭遇他人的不信任。如果你只是偶尔被否定、被拒绝或遭遇失败，那你的这趟旅途还不够有挑战性。所以不要害怕挫折，振作起来！**

在被拒绝时，你可能会发现自己明显遭到了不公平对待，并确信对方受到了行为偏差和盲点的影响。这时你该怎么办呢？

解决之法主要有两种。第一，你可以找拒绝你的人聊一聊，向其表达你的失望，请求对方重新审视你的理念可能创造的价值。我们在第 1 章探讨过，人类行为的奇异之处在于，当你向同一个人寻求帮助时，被对方连续拒绝两次的可能性很小。阻碍我们再次向同一个人寻求帮助的往往是保全颜面效应。因此，我建议你放下自己的骄傲，直接把自己的想法告诉对方，请对方改变决定。

第二，对于收到的所有反馈，你都要仔细考虑，看看是否需要改变自己的理念。如果需要，那就在改变之后再去找拒绝过你的那个人。如果这招不管用，你就应该转而寻求其他人的帮助。如果你遇到了有行为偏差和盲点的人，请记住，这个世界上还有很多人与他不同。推动你前进的永远不会只是某一个人或某一群人。你可能需要仔细想想接下来应该向谁求助，永远不要只守着那个一再拒绝你的人。毕竟，固执地重复同一件事却期望得到不同的结果是十分愚蠢的。

你可以把自己的远见思维之旅想象成一场蛇梯棋游戏，遭到拒绝就像走到了蛇头所在的那一格，不得不滑到蛇尾。这只是一个小小的挫折，你若能坚持下去，迟早能走到梯子所在的格子，一次向前多迈好几步，也就弥补了之前遭受的损失。

无论现在还是将来，你都会遭遇拒绝，但其数量是在不断减少的，而你得到的“同意”会越来越多。你一旦成功了一次，然后回报了帮助过自己的人，那就会有越来越多的人在你向他们求助时伸出援手。现在的你只需经常参与计划中的活动，采取小步骤来争取他人的帮助，并在遭遇拒绝、陷入困境时继续坚持即可。

见解 9：在他人需要帮助时挺身而出

曾有许多公司邀请我去演讲，一开始主要是讲性别行为差异。对我来说，有趣之处是什么呢？我的大多数观众都是女性。事实上，我第一次做此类演讲时，女性观众所占的比例超过了 95%。

这一事实很重要吗？是的。

我们应该小心规避他人遭遇过的偏差。如果我们授予他人荣誉的依据也是与其能力、技术和才华无关的特征，那就是在重蹈别人的覆辙。作为个体，受到他人的偏差和盲点的影响肯定不是好事。因此，在专注于自己的远大目标、规避他人的偏差的过程中，你也要尽可能为他人创造公平的竞争环境，不要让他们在另一个战场上与类似的偏差和盲点战斗。

你具体能做什么呢？

在世界各地，企业、高校和公共机构基于性别、种族、民族、性少数群体身份等建立了亲和团体。这些团体是成员们分享相同经历、表达共同担忧的绝佳平台，如果运作良好，还能给成员们带来强烈的心理安全感，成为他们的心理安全空间。心理安全空间指的是一种环境，身处这一环境时，人们可以畅所欲言，不必担心遭受惩罚或羞辱。

这些团体也应该组织公开活动，允许团体之外的人参与，这一点很重要。为什么呢？如果我们只为自己所在的团体挺身而出，那就始终会有输赢，也就会在无形中支持了不平等体系，在这样的体系中，人们无法凭借自身的能力、技术和才华获得奖励。对于那些我们无法从中受益的领域，它们的变革也应该得到我们的支持。如果有足够多的人愿意花时间去了解其他团体的困境，就能带来真正的改变。

> **当足够多的人一起做同一件事并达到临界点时，改变自会发生。**

在行为科学领域，临界点指的是微小的变化积累到一定数量引发巨大转变的节点。我们要互相倾听，时不时尝试换位思考，这一点很重要。在迈向自己的远大目标时，你向他人寻求帮助、指导和机会，并期待得到肯定的答复，与此同时，你也应该在别人向你寻求帮助时尽自己一份力。我相信你能在这个过程中有所收获！

见解 10：与我联系

知道了自己在远见思维之旅中可能要对抗这么多外部偏差，你也许会有点沮丧。或许你早已知道他人的偏差会阻碍你，也或许你刚刚知晓。无论哪种情况，你都应该花点时间来思考一个问题，即在偏差给你带来的影响中，你自己的偏差与他人的偏差的比例是多少。以我为例，我自身的偏差与他人的偏差对我的影响的比例是 80 : 20。对你来说，这个比例是多少呢？这个练习应该能帮助你认清一个事实，即你的远见思维之旅有相当一部分在你的控制之下。

本章探讨了你在远见思维之旅中可能遭遇他人的偏差和盲点的主要情境。我希望本章给出的见解也能适用于本书没有明确提及的情境。若不适用，你也无法利用现有的社交圈找到答案，那请联系我，我很乐意为你提供帮助。最重要的是，你不要让偏差和盲点阻碍自己迈向“进阶版自己”。

消除他人的偏差和盲点

学会消除他人的偏差和盲点能让你顺利实现“进阶版自己”。你还记得亚历克斯吗？那个拒绝听取反馈的创业者，我在 2018 年认识她时，她对自己缺乏条理的问题视而不见，这阻碍了她的发展。除此之外，她还会遭遇他人的偏差，这一点我已经论证过了。企业家中的女性人数远少于男性，因此，从刻板印象来看，亚历克斯并不符合常见的企业家形象。她需要特别注意这一点，不要因为被他人误贴上“不适合”当企业家的标签就踟蹰不前。

本章提供的 10 条行为科学见解不仅可以帮助亚历克斯，也能在你遭遇他人的偏差时帮到你。我强烈建议你通读本章，每一条见解都至关重要，它们关乎你的远见思维之旅中可能出现他人的偏差和盲点的主要情境。你可以在需要它们的时候再来翻阅重温，但我由衷希望你永远不需要它们！

下面让我们来回顾一下本章给出的 10 条行为科学见解：

见解 1：避开无意识偏差、代表性启发式和统计性歧视

你可以给自己增加匹配特定角色的标识。你要研究这样的标识有哪些，并尽可能地获取它们。

见解 2：不是每个人的建议都有同等分量

如果你怀疑自己得到的反馈不正确，那就采用三人法则，看看他们的意见是否一致。

见解 3：避免被误贴标签

基本归因错误会导致他人将你的坏运气归因于你本人。你要提升自己的沟通技巧，以便在遭遇挫折时能及时、清楚地将事情的原委告知关键人员。

见解 4：擅用信息级联

当一群人聚在一起讨论大家已经知道的事情时，信息级联就会产生。在提出不同的观点前，你要先重申大家的共识，这将确保你的观点会被认真对待。你要特别强调那些能支持你的观点的数据。

见解 5：正确应对他人的评判

当你的表现会受到陌生人的评判时，选择当天最后一个出场对你最有利。你要用故事讲出你的观点对现实世界的价值，尽量利用峰终定律。

见解 6：良好的社交圈

在迈向“进阶版自己”的过程中，你要努力与他人建立联系。不过，这不是一件非做不可的事情。你可以花点时间与那些值得你学习的人建立弱关系，并从互惠中受益。

见解 7：在小事上获得认可

你要用真心的赞美让他人自我感觉良好，从而让对方无法拒绝你的请求。你还要经常谈论自己的观点，曝光效应能提高你的观点被采纳的可能性。

见解 8：不要害怕被拒绝

遭遇拒绝时，请提醒自己这是学习的良机。你可以请求对方改变决定，可以接受对方的反馈，也可以转而寻求其他人的帮助。最重要的是什么？是永不言弃。

见解 9：在他人需要帮助时挺身而出

你要为他人创造公平的竞争环境。当足够多的人一起做同一件事并达到临界点时，改变自会发生。践行该理念的每一个人都推动着我们迈向更美好的明天。你要努力成为这样的人。

见解 10：与我联系

如果你发现自己遭遇的行为偏差或盲点超出了本章的内容，请联系我，我们一起努力解决它。

当你遭遇他人的偏差和盲点时，或者当你准备迎接必须与他人互动才能解决的重大事件时，请记住这 10 条见解。我相信，坚持这一策略会让你的远见思维之旅更轻松！

祝你规避偏差和盲点顺利！

在进入下一章之前，请确保你已经： THINK BIG

- 通读了本章的 10 条行为科学见解。
- 花时间预测了可能需要用到这些见解的情境，并在自己的备忘录中设置了提醒，以便在遇到这些情境时运用相关见解。

THINK BIG

本章提到的 5 个绝妙的行为科学概念

1. 无意识偏差：这是指那些根深蒂固的刻板印象，它们会通过系统 1 影响你的决策。
2. 高大罂粟花综合征：人们倾向于抨击那些正在取得重大成就的人。
3. 基本归因错误：这会导致人们将个人行为归因于他们的性格而非环境。
4. 信息级联：不同个体在会议上反复提出相同观点的现象。
5. 峰终定律：人们基于自己在峰值（情绪最强烈）和终点时的感受来评判某件事。

第 5 章

方法 5：适当调整环境，提升工作表现与效率

“今天真是糟透了。”我一边嘟囔，一边拿出钥匙打开门。那是 2020 年 1 月，从我迎着晨光迈出家门到我回到家门前的这段时间，没有一刻是顺心的，我不停地帮各种人收拾烂摊子，他们还不断地制造麻烦，攻击彼此，这令我精疲力竭。现在回到家了，我终于可以松口气了。

现在的我，每一天都深感幸运。我有一个可以卸下压力的地方，在这里，我会很开心、很健康、很安全。我可以和自己的斗牛犬凯茜一起瘫坐在沙发上，可以泡个热水澡，也可以坐在双人沙发上看小说，哪怕度过了极其糟糕的一天，我也能在这个独属于自己的庇护所里找到放松的方法。每天早上醒来后我都会提醒自己，等这一天结束就能好好放松了。记住这一点能让我从容地应对各种挑战或烦心事。

> **找到一个能让自己放松的空间，并留出时间来休息和放松，这一点至关重要。**

这个空间可以是你独居的房子；如果你不是一个人住，那也可以是你的卧室；如果你还有蹒跚学步的孩子要抚养，那也可以只是你家里的一个安静的角落。我们所处的环境会对我们的行为产生广泛的影响，包括我们的表现、压力水平和幸福感，无论我们是否意识到这一点。

环境很重要

行为科学领域有句老话：环境很重要（context matters）。[1] 环境无时无刻不在释放信号，影响我们的行为。这些信号会触发我们的潜意识反应。例如，商店在播放法国音乐时，法国葡萄酒销量更好；播放德国音乐时，德国葡萄酒销量更好。[2] 为什么呢？这是因为音乐是一种潜意识信号，会发挥助推（nudge）作用，将人们推向特定的选项。不过，我们意识不到这一信号，也就无须为此费神。

外部刺激会在我们毫无察觉的情况下改变我们的情绪和决定，这样的刺激无所不在，既有有意为之的（比如上面例子中商店播放的音乐），也有完全偶然的。伦敦政治经济学院甚至以“环境很重要”为名设置了一个学生奖项，旨在提醒学生，在解释自己的研究结果时要考虑到做研究时所处的环境。

前文所有章节都要求你保持高度警惕，并为你提供了各种建议，而要让那些建议生效，你必须持续采取小步骤。你已经在尝试找出有助于改变自身行为的行为科学见解，并试图规避他人的偏差和盲点带来的不利影响。本章则有所不同，我们将探讨如何改变你的工作环境。

> **改变环境的一大好处在于，一旦做出了结构性改变，你在未来几年里能持续受益。**

你并不需要每天都有意识地、事无巨细地干预自己所处的环境。

行为科学见解

本章旨在概述对环境进行哪些微调能提升你的工作表现和工作效率。与需要反复实施的小步骤不同，这种微调是一次性行为。它们做起来非常容易，而且效果几乎是立竿见影的，也就相对更容易判断你有没有从中受益。

不过也有一个例外……

要让自己所处的环境完全不受干扰，你需要付出很大的努力。一开始你可能会觉得待在这样的环境里十分无趣，来自网络的干扰将是你面对的终极挑战。你可能会发现自己经常出现意图 – 行动差距（intent-action gap）。意图 – 行动差距指的是，人们承诺采取的行动与实际行动之间往往存在差距。为了清楚地体现这一点，我将本章的 10 条行为科学见解分成了两大部分。

第一部分是可以帮助你避开数字干扰[①]的小步骤。它们在本章占据的篇幅较大，需要花费较多时间阅读，与此一致的是，你也需要花费较多时

① 数字干扰是指在非任务情况下，使用数字设备进行与任务无关的媒体活动。——编者注

间反复实施它们，这样才能将它们带来的改变真正融入你的生活。我们将采纳博恩 · 特雷西（Brian Tracy）的建议，先解决这一问题。特雷西是个人发展领域的思想领袖，他告诉我们要“吃掉那只青蛙”，也就是要从最难的任务下手，这是开启新的一天的最佳选择。

第二部分介绍了一些对环境进行微调的一般性方法，它们或可提升你的工作表现与工作效率。这些方法都被总结成了可以快速践行的见解，尝试起来比较容易。在学习了本章提供的 10 条见解后，你至少应该选出一条应用到自己的生活中。慢慢地，你可能就会希望应用更多的见解了。

在认真研究这两大部分的内容时，你要记住一点，它们都来自行为科学研究者对特定群体中的普通人的研究，因此，并非所有的建议都一定适用于你。在使用了所选的策略后，你要注意观察自己所处的工作环境中的数字干扰是否有所减少。如果没有，你就需要换一种策略，并评估其效果。至于第二部分的见解，你可以通过试错法对自己的生活环境进行微调，每次只尝试一种见解，并在一周后观察效果。你只需保留那些对你有效的见解，它们将共同构成最适合你的见解组合。

你准备好迎接它们了吗？

见解 1：排除数字干扰

对我来说，忽略干扰是一场艰苦卓绝的战斗，仅是社交媒体应用程序或手机短信发出的一声“叮”就能令我分神。若非有意克制，我可能会漫无目的地在网上冲起浪来。有人敲响我办公室的门也会让我分心，最终我会带着毫无进展的工作回到家。系统 1 甚至会让我下意识地查看电子邮件，任由我的注意力被脑子里突然冒出来的想法和同事朋友的求助分散。

2018 年的某一天，在一整天都无法集中注意力后，我决定做一次自我审查。我每天的工作时间主要是从上午 10 点到下午 5 点，一共 7 个小时，我分别记录了自己在每个小时内分心的次数，最后的统计结果是 5、9、4、7、5、3、11，仅一个工作日我就分心了 44 次！就是在这一天，我决定彻底改掉自己容易分心的毛病。

干扰对所有人来说都是一大麻烦。为了弄清楚各种干扰对你的影响有多大，我建议你尝试一下工作日审查。干扰会占用你最宝贵的资源——时间，它们是最浪费时间的活动。别人能联系到我们的方式太多了，如手机、电子邮件、WhatsApp、Skype、Messenger、领英、Twitter、Slack、Teams、Zoom、Meets 等，这份通信媒介清单还在不断加长，万幸的是我对那些新的通信工具一无所知。这些工具只是源自他人的突发奇想，却迫使我们放弃了对自己的时间的掌控。

> **不知不觉间，我们就漫步到了一个容易出现过多干扰的环境。**

无法掌控自己的时间意味着什么？这意味着我们的注意力焦点会变来变去，我们难以取得突破性的进展，或者说难以取得任何成就。

我们在第 1 章探讨过心流状态。进入这种状态后，我们能专心致志地工作，甚至感觉不到时间的流逝。你会沉浸其中，发挥出最佳状态。对大多数人来说，要想达到这种状态，就需要调动自己的认知能力。每当进入心流状态，我脑子里就会冒出最具创意和创新性的想法，工作也会更有成效。我甚至可以在集中回复电子邮件时进入心流状态。回复完所有待回复的邮件后，我就会离开房间。在下一次集中回复邮件前，我不会再打开邮箱。通过分批处理电子邮件，我可以与外界断开联系，只专注于手上的任务，直到受到干扰。

放任干扰影响自己会带来严重的后果吗？是的！无论你是在设计一款新产品，构思一个创造性的解决方案，还是在学习一项新技能，你都不能受到干扰。哪怕是极短暂的干扰，比如手机的一声提示音，也会打断你的心流状态，让你在设法专心应对某项挑战时犯错。[3] 干扰不仅仅会占用你当下的时间，在这之后，你若想回到被干扰前的心流状态，就必须付出更多努力和时间。干扰也会影响你的幸福感。无论你从事什么工作、处于什么环境，干扰都很容易令你烦躁、抑郁，还会降低你对工作的满意度。[4] 每个人每一天都需要拥有一段不受干扰的时光。

如何才能做到这一点呢？

这取决于你自己，你要有目的地创造或找到一个适合自己的环境，让自己免受干扰。

我们完全有能力排除的严重干扰之一就是数字干扰。我们可以关掉各种消息通知，将那些没完没了的耗时事项拒之门外。请记住，时间一旦流逝，就不可弥补。你必须在周遭的环境中设置提示，这些提示会在你希望专注于手上的工作时让你免受打扰，从而避免把时间浪费在无意义的事情上。

我们在第 2 章中强调了，减少浪费时间的活动非常重要，因为这样我们就可以挤出时间去从事能帮助我们快速前进的活动。对大多数人来说，最浪费时间的活动就是网上冲浪，参加各种对自己毫无用处的线上活动。

工作空间的布置很重要，既可能让你拥有一段安静的、不被打扰的时光，也可能给你带来干扰。工作空间的一种极端情况是，只有一台笔记本电脑是属于你的个人空间。你每天的工作地点都是不确定的，可能是咖啡馆、公园、厨房里的餐桌，甚至是长途的火车。另一种极端情况是，你在家里或公司拥有专属的办公空间。无论哪种情况，你首先要做的都是尽可能减少来自网络的干扰。

若想抑制消极行为，就应该设法增加其成本，降低其收益。

当你想要专心工作时，你就要增加上网的麻烦程度。在《创造时间》（*Make Time*）一书中，杰克·纳普（Jake Knapp）和约翰·泽拉茨基（John Zeratsky）给出的建议是，关闭智能手机上的一切提醒功能，删除电脑桌面和手机桌面上的电子邮箱图标，关闭无线网络。

此举会带来行为的改变，那它的作用机制是什么呢？它增加了你接近数字干扰的成本，也减少了你因难以集中注意力而产生的痛苦（这就是收益），不会有吸引人的消息或充满新鲜感的推送不断抢夺你的注意力。

我按照纳普和泽拉茨基的建议，删除了苹果手机上的电子邮箱和社交媒体应用程序，关闭了一切消息通知，包括电话和短信的提示音，从此以后，我的手机再也没有响过。我还删除了电脑桌面上的电子邮箱图标。我取消了无线网络自动连接的设置，增加了联网的麻烦程度，这意味着，如果我想上网，就必须下楼查看密码（恰好我的宽带服务商强烈建议我设置一个复杂难记的密码，不要有规律可循）。本质上，此举就是增加了我上网的成本，而网上冲浪对我来说是最大的干扰。我将自己身处的环境打造成了一个低干扰区。

这种方法起作用了吗？

一开始我还是出现了戒断反应，很难受，于是给自己制造了新的干扰，比如泡茶、整理房间、挠一挠明显昏昏欲睡的斗牛犬，还诅咒纳普和泽拉茨基像我一样陷入痛苦又无趣的境地。

不过，我还是坚持下来了。

我承认我坚持下来的原因只有一个，那就是说一套做一套的虚伪会给我带来沉重的心理负担（增加了放弃的心理成本）。我还运用了承诺机制，将自己打算做出改变一事告诉了好几个人。这是对保全颜面效应的正向利用。

一周后，结果揭晓，我的工作效率开始呈指数级上升。我更快乐了，压力大大减轻。我经常提醒自己，我既不是心脏外科医生，也不是某个小国的总统，断网失联一阵子并不会给他人造成实质性的伤害。

工作邮件怎么办？我并非完全不负责任。我在一台旧的苹果平板电脑上保留了电子邮箱，每天都会查看并回复邮件，只不过是一天集中回复一次。我将处理邮件的时间定在每天下午 6 点，对于这个时间的选择我是有策略的，我知道这个时候对方不太可能立即回复我，我们也就不会快速、连续地往来邮件，我自然也就不会因此分心。如果是需要先查阅一些资料才能回复的邮件，我会根据它的重要程度，将它安排在下周的某个回复时间段去处理。若是能够迅速回复的邮件，我会立刻回复。

我必须非常自律才能阻止自己随时随地查看电子邮件。我承认自己有不停刷新收件箱的瘾，这是我的无意识行为。你可能也有类似的网瘾需要戒掉，令你上瘾的可能不是某种通信工具，而是玩游戏、网购或浏览新闻。

你该怎么办呢？

很简单，只在一台电子设备上保留自己喜欢但又浪费时间的应用程序。当你需要一个无干扰的环境时，你就将那台电子设备放到远离自己的地方。瞧，你这不就创造了一个无干扰的环境了吗！然后呢？你的系统 1（快速大脑）就会将那台电子设备与浪费时间的活动关联起来，使之成为一种新的习惯，降低你下意识地通过其他工具从事浪费时间的活动的可能性。这就是我只允许自己在那台旧平板电脑上查看电子邮件的原因。我也只在那台平板电脑上使用社交软件以及与人互通消息。本质上，我就是决心成为一个只能用那台平板电脑与他人进行线上交流的人，且一天只用一次。

要做到这一点，我必须从一开始就有意识地控制自己的行为，而且需要非常努力。用手机和笔记本电脑查看电子邮件是我多年来的习惯，我刚开始控制自己的行为时非常费劲。有时，我也会给自己放个假，不强迫自己一天只查看一次电子邮件，作为交换条件，我依然只能使用那台平板电脑。这样一来，虽然我查看电子邮件的频率还是高于理想状态，但至少我仍在强化一个事实：查看电子邮件是一项与平板电脑相关的活动。突然有一天，我的新习惯跨过了某道无形的行为科学门槛，一天只查看一次电子邮件成了我的固有属性。

每当看到一个小小的改变产生了意想不到的结果或外部性时，我总会为之着迷。大多数给我发邮件的人都没有对我降低回复频率一事感到不满。他们甚至得到了暗示，也降低了给我发邮件的频率。不过还是有少数人会想方设法地联系我，就差派出信鸽了。有位同事甚至坚持让我再开通一个电子邮箱，专门接收重要人员的邮件。我是如何应对的呢?

我依旧是在下午 6 点才回复他们，我对他们说，知道有人想念我令我非常开心，但再开通一个电子邮箱可能会令我控制电子邮件成瘾的努力付诸东流，我不想冒这个险。我感谢他们一如既往地理解我，并承诺会在第二天下午 6 点用我的平板电脑给他们打电话。我之所以在邮件中给他们贴上“令我非常开心”和“理解我”的标签，是想触发巴纳姆效应，谢天谢地，此举奏效了。我获得了自由!

当然，我知道有些人的工作不允许他们将所有邮件集中起来，一天只回复一次。你可能一天需要回复三次、四次或五次，若是如此，一个专属的电子邮箱或许真的能帮到你。

你或许正在寻找一种特定的途径，让那些与你实现高效工作和完成基本工作相关的人可以紧急联系到你。不过，你若真的认为自己必须 24 小时待命，以便别人能够随时通过电子邮件或其他线上通信工具联系到你，那请反思一下你这么认为的理由。除了紧急开关操作员和在呼叫中心工作的那些人，我真的很难相信还有谁利用时间的最佳方式是随时待命。

你不相信？那就试试每天减少一个小时的上网时间，并观察两件事。第一，你不上网，世界就不转了吗？第二，在这“偷”来的一个小时里，你是否完成了有意义的事情？

无论是在开放式的办公室、当地的咖啡馆里办公，还是在自己家里办公，你都要优先为那些重要的小步骤安排好时间，这很重要，请有意识地去完成这件事。

> **现在就做出承诺，改变自己的线上交流方式。**

这一承诺应该有助于你摆脱无聊的网上冲浪，让你有目的性地参与对你有益而非令你分心的互动。

向数字干扰宣战的第一步：

1）对你影响最大的数字干扰是 ________。

2）重置你所处的数字环境，确保你只能通过一台电子设备接触该干扰，这台电子设备是 ________。

3）承诺只在一天中的特定时段使用该设备。该时段为 ________。

可快速践行的见解

2018 年，我戒掉了沉迷于网络的习惯。这激发了我对环境微调理念的兴趣，我开始致力于利用这一理念提升自己的工作效率，并探索如何通过成本低廉且令人愉快的方式进一步对环境进行微调。

我敢打赌，用有意的线上互动取代随机的耗时消遣能够帮你节省大量时间，让你更好地投身于远见思维之旅。这也会让你享受社交，因为你能专注地与眼前的这个人交流。当你走出网络世界，踏入现实世界时，我建议你一边环顾四周，一边思考一个问题：对想要通过远见思维和小步前进来构筑理想的职业生涯的你来说，这个现实空间带给你的是助力还是阻力？

> **我们身处的环境会直接影响我们的表现、动机、毅力，以及在特定时刻做出的选择。**

在你可以轻易改变自己所处的现实空间，选择自己的合作对象时，这对你来说就是个好消息。你要尽可能待在一个既能推动你前进，又有利于你实现抱负的环境中，这一点很重要。

行为科学研究提供了有关环境微调的各种观点，或可帮助你巩固定期采取小步骤的习惯。请记住，行为科学研究聚焦的通常是在某一特定群体中具有普遍性的效应。你可能并不普通，也可能不属于那个特定群体。不过，我可以肯定地说，你所处的环境一定会改变你的行为、情绪和专注力。下面有 9 条行为科学方面的快速见解，让我们一同探索，帮你找出适合自己的那些方法！

快速见解 1：流通的空气

理想的工作场所应该空气流通性好。为什么？已有充分的证据表明，通风良好有助于提升工作表现，通风不良则容易导致旷工。[5] 如果你在室内工作，而且无法更换工作场所，那就尽可能在现有空间中找一个通风好一点的地方，或者至少在工作日多去室外透透气。我有一个朋友会在午休时间去到户外，在伦敦林立的混凝土建筑中找一堵墙，拿着笔记本和笔坐在墙边。他十分推崇这种做法，一个小时的午休时间足够他总结当天已经完成的工作，并为下午的高效工作制订计划。与此同时，他还能观察行色匆匆的芸芸众生，这于他也是趣事一件！

我新认识了一个很厉害的朋友，她告诉我，自参加工作以来，她就爱去咖啡馆喝茶放松，她选择的咖啡馆都有室外座位，周围的景色也很美。尽管她点的饮品的价格可能是其应有定价的两倍，但那杯饮品为她带来的幸福感远远超过了它溢价的部分，正因为如此，她才爱去这些咖啡馆。

抽出一个小时去户外呼吸新鲜空气对你来说太奢侈？那你可以去室外接听工作电话，或者将与他人的会面定在一个通风良好的咖啡馆。在当今社会，我们不得不在各种无用的会议上耗费大把时间，既然如此，不妨在好点的环境里开会。我在伦敦政治经济学院的办公室就通风不太好，对此，我是如何解决的呢？我选择去不同的地方开会，包括公共场所。只要是有长凳的地方，就能开会！

快速见解 2：用绿植布置工作区

如果你确实无法在工作日外出，那就在休息日去一趟当地的园艺中心，购买一些盆栽植物放在工作区。用植物布置工作区有可能提升你的注意力水平和工作效率。一抹绿意相伴还有助于减少长时间待在室内的不良影响，比如压力和疲劳。[6]

养了植物后，你唯一要做的事就是让它们活着！如果做不到，那就试试仙人掌盆栽。我的仙人掌盆栽还带有可爱的狐獴装饰。

快速见解 3：享受自然光

待在空气流通良好的地方还有一个额外的好处，那就是你有可能享受到自然光。在拥有私人办公空间的人看来，坐在公园里的长椅上撰写本章的内容可能很奇怪，但在有自然光的环境中工作令我受益良多，甚至能提升我的认知表现。[7] 自然光能改善情绪，提升专注度，除此之外，它还能缓解幽居病和疲劳，这些情况常见于人们整日待在室内工作时。

快速见解 4：选择合适的人造光

你既不想待在户外，也无法待在户外？我住在英国，一年有 75% 的时间不适合待在户外，如果一定要坐在公园的长椅上，可能会被猛烈的西风吹走。如果你不得不长时间暴露在人造光下，那相关证据给你的建议是，在你需要专注于某个问题或某项任务时，选择光线明亮的地方；在你需要激发自己的创意时，选择昏暗一点的地方。[8] 尝试一下，看看这条建议是否适用于你！

快速见解 5：适宜的温度

小组会议为我们提供了开展协作、突破极限的机会，我们可以碰撞出奇妙的想法或全新的思维方式。一群志同道合且相互信任的人待在一起可以产生神奇的化学反应，并且让群体思维毫无生存空间。不过，在举行小组会议时，一定要记得注意一下室内温度……就是字面意思。

过高的温度会令人烦躁，降低人们的工作效率和配合度。[9] 这同样适用于独自工作时的你。

> **通常而言，当室温在 16℃到 24℃之间时，人们更容易进入心流状态。**

最有利于提升工作效率的温度因人而异，所以你得找出最适合自己的温度范围！你可以买一个便宜又好看的温度计，通过亲自尝试，找出你觉得最舒适的工作温度。

快速见解 6：避免噪声干扰

在好看的咖啡馆或公共空间办公时，你有可能遭遇不可预知的噪声干扰。你是会被周围的喧嚣干扰，还是可以屏蔽它们，这取决于你自己。有可靠的证据表明，安静的环境能提高人们的工作积极性[10]和工作效率。[11]

> **当你需要一个足够安静的环境才能专心工作时，要主动去创造这样的环境。**

如果你有自己的办公室，那控制噪声就很容易。如果你的工作环境很嘈杂，推荐你使用降噪耳机。如果你是在开放式办公室工作，可以购买一些标识物，比如一块“请勿打扰”的牌子、一个微型交通锥标或一面旗子，当你将它们放到办公桌上时，就是在告诉他人，此刻不宜打扰。

如果你的工作允许外出，你可以先上网查询咖啡馆的高峰时段，这并不难查，掌握了这些信息更方便制订计划，在咖啡馆人少的时候前往，这样不仅更利于你专注地工作，也能让你坐到自己最喜欢的座位。你也可以用这种方法安排与同事或新朋友的会面，注意选在你工作效率高的时间段。

快速见解 7：自己的专属空间

很多人都有自己的专属工作空间，可能是一个开放式工位，可能是卧室里的一个角落，也可能是一整间办公室。当需要长时间学习或专心工作时，人们就会去这些地方。如果你没有一个界限明确的空间，可以尝试用扶手椅在角落里或类似的地方圈出一个空间。请记住，日常行为会变成习惯。因此，如果你反复去同一个空间从事同一项活动，系统 1 就会自动将这个空间与这项活动关联起来。

自己的空间为什么很重要？因为它能让你快速地适应新任务，并进入心流状态。你也可以在这个空间内为你的远见思维之旅制订每周计划。

快速见解 8：保持整洁

在工作空间确定后，保持它的整洁十分必要，这能帮助你抵御干扰。

> **整洁的空间 = 清醒的头脑。**

如果你突然造访我在伦敦政治经济学院的办公室，就会发现我生活中的一大难题——杂乱无章。整洁的环境会让我心情愉快，但这不仅仅是个愉快与否的问题。整洁的工作空间也有利于我专心工作，还能提升我的工作效率，并让我轻松找到自己所需的东西。因此，看到越来越多的证据表明凌乱的空间更易令人分心，我并不意外。[12]

让你的专属工作空间保持整洁，有利于你进入心流状态。如果你和我一样，天生就爱乱放东西，那你可能需要将自己的一部分物品送去回收或卖掉。这样做时，你要当心禀赋效应（endowment effect）这个陷阱。

禀赋效应会触发你对自己的所有物的情感依恋，驱使你高估自己的所有物的价值。假设你要卖房子，在与房地产经纪人讨论房屋估价时，你很容易高估你为这套房子所做的粉刷和装饰的价值。禀赋效应还会让你舍不得扔掉自己的旧书、旧衣服和旧摆件，哪怕你再也用不上它们，你甚至有可能给它们找一个更好的家。其实，只要咬咬牙扔掉它们，你会迅速适应没有它们的日子。记得提醒自己这一点，这有助于你舍弃那些无用的东西，从而创造一个整洁的空间。

快速见解 9：合适的墙壁颜色

整理工作空间的过程还为你提供了让墙壁焕然一新的机会。关于颜色的研究表明，个人工作空间的墙壁颜色或可影响人们的工作表现。不过，研究并未发现哪一种颜色对提升个人的工作表现效果最好。除了个人品位会左右你对墙壁颜色的偏好外，还有证据表明，你想要达到的目标也会影响你。蓝色可以提升创造力、系统性思维和认知表现。[13] 红色则被证明能提升专注度，有助于完成细节导向型任务。[14] 不仅如此，研究还表明红色能激发勇气、进取心和竞争精神。2005 年，罗及其同事以一种创新的方式证明了这一点。在 2004 年雅典奥运会的摔跤和拳击比赛中，选手的比赛服有红、蓝两种颜色，赛前随机分配，罗等人针对这一事实进行了探究。随机分配确保了身着两种颜色比赛服的运动员之间不存在系统性差异。（如果技能水平高或极具竞争精神的人经常选择红色的比赛服，那就有可能存在系统性差异。）他们发现了什么呢？穿红色比赛服的运动员获胜的概率是穿蓝色比赛服的运动员的两倍。[15]

人们不仅研究了颜色与表现的关系，也研究了颜色的鲜艳程度对结果的影响。已有研究表明，在私人学习空间里，鲜艳的颜色比浅淡的颜色更能提高学习效率。[16]

总的来说，关于颜色的研究并没有为我们提供装饰个人空间的明确指导，除了红、蓝以外的颜色与人们的表现之间的关系也缺乏证据支持。不过，确有证据表明，你若想激发自己的竞争精神，可以将一面墙刷成红色；你若想保持平静或缓解焦虑，则可以选择蓝色。

设计自己身处的现实空间与数字空间

利用行为科学见解对你所处的环境进行微调，有助于你完成那些小步骤，进而实现自己的远大目标。本章探讨了如何找出适合自己的微调方法。在详细讨论了如何最大程度地减少数字干扰后，我给出了 9 条快速见解，希望帮助你创造一个能提高专注度和工作效率的环境，在这个环境中，你可以顺利地完成实现远大目标所需的小步骤和活动。

下面让我们来回顾一下这些见解：

见解 1：排除数字干扰

只在一台电子设备上保留自己喜欢但又浪费时间的应用程序，在试图进入心流状态时，你要将那台电子设备放到目力所不及之处，并且抛诸脑后。

快速见解 1：流通的空气

寻找一个通风良好的空间，这能提升你的工作表现。

快速见解 2：用绿植布置工作区

用植物装饰你的工作区，这能提升你的专注度和工作效率。

快速见解 3：享受自然光

优先选择待在有自然光的地方，自然光可以提升你的认知表现。如果找不到自然光充足的室内环境，那就去室外吧。

快速见解 4：选择合适的人造光

在只有人造光的空间里办公时，明亮的光线有助于你保持专注，较暗的光线有助于你发挥创造力。

快速见解 5：适宜的温度

注意观察室温在 16℃到 24℃之间时，你的工作与你所参加的创意会议的进展，然后对温度进行相应的调整。

快速见解 6：避免噪声干扰

寻找一个安静的环境，以提升专注度和工作效率。

快速见解 7：自己的专属空间

找到你的专属空间，让系统 1 自动将这个空间与需要集中精力处理的工作联系起来。

快速见解 8：保持整洁

保持工作空间的整洁可以提升专注度。要小心禀赋效应，它可能会让你执着于不必要的杂物。

快速见解 9：合适的墙壁颜色

如果你寻求的是创造力、系统性思维和良好的认知表现，不妨尝试让自己被蓝色的事物包围，这种事物既可以是衣物，也可以是墙壁。如果你想专注于细节导向型任务，或者激发自己的竞争精神，请切换为红色。

2018 年，通过关注自己所处的数字环境，我（基本）改掉了容易因数字干扰而分心的习惯，也改变了身处的现实环境，工作效率也得以提高。这些变化意味着我能更频繁地进入心流状态，这种状态本身就能给我带来快乐。

你想和我一样吗？你可以一边坚持减少数字干扰的策略，一边从快速见解中选择一种进行尝试。你要留心观察并记下它们带来的益处，这些益处包括能又好又快地完成工作、频繁地进入心流状态等。如果试用一周后仍未见到任何益处，那你就要调整用以减少数字干扰的策略，并尝试另一种快速见解。通过试错学习，你一定能找到让自己免受打扰并远离数字干扰的策略。同样地，通过逐一尝试上述快速见解，你也很有可能找到适合自己的对环境进行微调的方法。

最终，你可能将所有见解都尝试了一遍，并将适用于自己的环境微调法融入了日常生活，自己也进入了一种新的稳定状态。自此以后，这些改变将成为你的潜意识习惯，推动着你迈向自己的远大目标。

当初，我是在经历了极其糟糕的一天后才决心要做出改变的，就在我下定决心的短短几周后，我就已经有意识地设计着自己所处的空间，并且在将钥匙放到玄关的那一刻，就知道自己即将进入的是一个最适合我长时间工作的空间。不过，我并没有投入工作，而是关掉所有电子设备，聚精会神地看起了 Apple TV 上的最新剧集《老实说》（*Truth Be Told*），欣赏奥克塔维亚 · 斯宾瑟（Octavia Spencer）的精彩表演。

我还利用行为科学见解提升了自己的复原力，我将在下一章与你分享这些见解。

祝你空间设计顺利！

在进入下一章之前，请确保你已经：　THINK BIG

- 明确承诺要减少日常干扰。
- 从 9 条行为科学的快速见解中选出一条对环境进行微调的方法，从明天开始尝试。

THINK BIG

本章提到的 5 个绝妙的行为科学概念

1. 环境很重要：我们无时无刻不在接收各种环境信号，这些信号会影响我们的行为方式。
2. 助推：这是对个体行为的正向强化。
3. 意图 – 行动差距：人们承诺采取的行动与实际行动之间的差距。
4. 外部性：人们的行动或行为变化给第三方造成的损失或带去的收益（这些损失或收益与第三方的主观行为无关）。
5. 禀赋效应：该效应会引发人们对自己的所有物的情感依恋。

第 6 章

方法 6: 提升复原力, 应对生活中的打击

2004 年 10 月，科克市，在车子驶离我家车道时，好友凯文关切地问我："你还好吗？"

父亲已经消失在我的视线中，我却仍在拼命地朝他所在的方向挥手。此时，我的心被强烈的情绪拉扯着，一如我过去几周的感受。我搬到都柏林攻读博士学位的过程是苦中带甜的，痛苦源自离家的孤独，甜蜜则源自对人生崭新篇章的期待。我将迎来职业与个人的共同成长和改变。

我迫切地希望通过改变让自己好起来，因为过去的 2 年实在太艰难了。2003 年 1 月，我的表妹兼好友埃米特因突发心律失常去世，年仅 21 岁。埃米特经常参加运动，看起来非常健康，对于她的死，"震惊"一词完全不足以描述我们当时的感受。2003 年 9 月，我刚和母亲前往巴塞罗那庆祝完她的 60 岁生日，她就被查出患上了卵巢癌。确诊时，她的病情就已经非常严重。在重病 6 个月后的 2004 年 3 月，母亲便不幸离世。在那之后不久，我最棒的舅舅，也就是埃米特的父亲因肺癌去世，也是确诊时为时已晚。我在短时间内经历了一次又一次沉重的打击，而我并不是随时都有面对这三次打击所需的强大复原力。

10 月的那一天，当我与凯文一同驱车前往都柏林时，我需要调动自身的复原力去面对的只是离家带来的伤感，这远不及之前的三次打击那么沉重，本不应该那么痛苦。当时的我已经 20 多岁了，从家里搬出去也很正常。再说，4 天后的周末我就会回家看望父亲，在此后的一年中，我也几乎每个周末都会回家。然而，我当时感受到的情感冲击是实实在在的，必须加以处理。

什么是复原力

> **复原力不仅是一种应对生活重压与悲惨遭遇的能力，也是应对日常生活中的小打击的能力。**

生活给我们的打击有大有小，本章的行为科学见解旨在帮助你应对日常生活中的小打击，而非生活重压与悲惨遭遇，二者截然不同。应对生活重压与悲惨遭遇的能力确实是一项重要的生活技能，但已经超出本书的范畴，我衷心希望你的远见思维之旅不会遭遇这些重大打击。至于前者，我确信你在追求人生新目标的过程中将不得不面对它们。

你认为自己将要应对何种问题呢？

每个人对“打击”的定义会因自身复原力的不同而存在差异。对复原力弱的人来说，与工作上的朋友在走廊上擦肩而过，对方却没有一如往常地与自己愉快寒暄，而是匆匆走过，就会令他们担心对方是不是故意对自己无礼，或者故意冷落自己。复原力强的人则只会认为朋友很忙，不会担心友谊变质，除非这种情况反复出现。对他们来说，此事完全算不上打击，他们不会为鸡毛蒜皮的事伤脑筋。

对复原力强的人来说，哪怕是求职被拒，作为自由职业者接单被拒，抑或是创意被否决，他们也很可能认为“人生有得也有失”，还会把他人的拒绝当作反省的良机，认真思考自己哪里做得对，哪里做得不对。对复原力弱的人来说，自信心受挫可能会让他们畏缩不前，不再尝试。他们甚至有可能将他人的拒绝视为对自己的不公，认为全世界都在和自己作对。

无论你想做什么，你都要认识到一点：人生总会有起起落落。你应对这些起落的方法会影响你前进的速度。

你应对日常生活中的打击时的复原力如何？请仔细阅读下文列举的事件，并思考哪些事件是生活中经常发生的。我希望你将自己代入那些事件，将它们分为以下三类，并在对应的事件描述旁边做相应的标记：

1. 这种事情难免会发生——在事件旁边加个感叹号。
2. 我将很快重整旗鼓，找出解决办法——在事件旁边画个圈。
3. 我会深受影响，停滞不前——在事件旁边画颗星星。

考试……

你坐在考场上，发现很多试题都不会做。

你考砸了。

你的分数排在班里倒数 20%。

你因交通堵塞错过了一场考试，不得不等上一年才能重考。

你的分数低于预期。

公众演讲……

上台前你紧张得汗流不止。

有一个人告诉你，你的某个观点是错的。

在你演讲的过程中，一直有人打哈欠、玩手机。

你在演讲中途晕倒了。

在问答环节，你遇到了一个回答不上来的问题。

你在演讲后收到了一条详述你为何不足信的反馈。

你在演讲后收到的反馈基本都是负面的。

试图拓展新客户……

你给 20 个潜在客户发了电子邮件，无人回复。

你给 20 个潜在客户发了电子邮件，有 3 人在回复中详细解释了为何你的产品 / 服务与他们的需求不符。

你给 20 个潜在客户发了电子邮件，有 5 人回复说“谢谢，但不用了，产品太贵了”。

你与潜在客户的第一次会面从一开始就不太顺利。

你最大的客户取消了与你的合作。

在日常工作中……

你必须马上处理一件很重要的事情，且需要一位领导提供相关信息，对方却不回复你的电子邮件，也不接你的电话。

在一场很重要的会议上，一位同事的声音盖过了你，致使你没能说出自己的重要观点。

你主动争取一项美差，但落选了。

一位同事误解了你在日常交流中对他说的话，尽管你已经道歉并澄清了事实，对方仍然坚持曲解你，并向你的领导告状。

与你共同负责某个项目的同事表现很糟，把事情搞砸了。

职业发展面谈结束后，你感觉与你面谈的人像是在屈尊一样，而且对方并没有明确告诉你晋升的要求和条件。

你乘坐的火车发生故障，导致你在一个很重要的工作日迟到了。

你的老板犯了错，却拿你出气。

寻找新工作……

你为 20 份工作量身定制了求职申请书，却连一个电话回复都没收到。

你在应聘理想岗位的第一轮面试中表现突出，却未能进入下一轮面试。

你正在争取的这份工作有一项基于任务的评估，你很确定自己的评估结果不合格。

工作面试不太顺利。

你因为生病错过了一场面试。

你找到了一份新工作，但这份工作的工资远低于你现在的工资。

结果如何？理想情况下，大多数事件都应该被分到“这种事情难免会发生”或“我将很快重整旗鼓，找出解决办法”一类。如果你当前的情况与此相符，那就太棒了，但这样的人是少数。如果有一些事件对你来说属于“我会深受影响，停滞不前”一类，也不要担心。大多数人都会对一时的失败反应过度，都会因这一天过得不如预期中那么愉快而变得暴躁。

完成这个练习后，你可能会发现，自己在面对某些挫折时的复原力要强于在面对另一些挫折时的复原力。一般来说，在面对会影响你的个人叙事的挫折时，你的复原力会弱一些。同事曲解了你的话可能会令你非常沮丧，彻夜难眠，但对火车延误令你错过会议一事，你可能会一笑置之。在这个例子中，你的个人叙事可能包括“我是一个做事严谨的员工”，但不包括“我是个守时的人”。

> **我们需要依靠复原力来面对坏运气或失败。**

行为科学见解

幸运的是，行为科学方面的一些见解可以帮助你增强复原力。如果你能经常践行这些见解，就能以更强大的复原力去面对失败或坏运气，甚至有可能完全不惧日常生活中的小打击。

与其他几章一样，本章也提供了 10 条见解，它们能帮助你增强复原力，而且能很容易地融入你繁忙的日程。不过，请勿忘记一点，这些见解可以帮到一些人，但不一定能帮到所有人。你可以逐一尝试，并在试用一周后评估成效，只保留对自己有用的。

见解 1：小心基本归因错误

我们来做一个思想实验。想象在一个雨天，你正行走在距离你家几条街的地方。你要去参加一场重要的会议，突然，一辆车超速驶过，溅了你一身的水。这时你会怎么做？

很多人会低声咒骂，还有一些人会在那辆车疾驰而过时对着司机破口大骂。这件事会影响你的心情吗？这种影响会持续多久？几分钟？几个小时？几天？很多人的怒火会一直烧到目的地，一到目的地他们就会向别人抱怨此事。

你可以做很多类似的思想实验，比如想象同事开会迟到，潜在客户说了一句你认为很粗鲁的话，或者给银行打电话时一直在等候接听。

> **坏事对我们的影响持续的时间总是远远长于同等程度的好事。**

我们在第 4 章中探讨了基本归因错误，上述事件中有没有由基本归因错误引起的呢？

让我们回到刚才那个被车溅水的思想实验。人们在被车溅了一身水后格外愤怒的原因是什么？如果你遇到这种情况，你会给自己的愤怒值打几分？分数范围为 1 到 10，其中 10 代表极其愤怒。

你会如何看待那名司机？你很可能会骂他粗鲁、傲慢，甚至蠢货。你还能想到其他形容词吗？如果知道他是急着去医院看望生命垂危的父亲或母亲，你脑海中出现的形容词会发生改变吗？如果有人告诉你，他已经失业数月，压力很大，开快车是因为面试迟到了，你想到的形容词会不一样吗？或者他有别的足以打动大多数非铁石心肠之人的理由呢？

如果你知道他们行为背后的原因，你的情绪受到影响的时长会缩短吗？你的反应链会改变吗？对许多人来说，知道溅自己一身水的人处境艰难，对之产生同情，很可能就没那么愤怒了。

为什么被溅水后，我们会迅速做出对方是“蠢货”的判断？这是基本归因错误在作祟。我们将司机开车驶过水坑的行为看作他的性格使然，而非为所处环境所迫。下次遇到这种事情时，请质疑一下你的愤怒，以及你认为司机根本不在意他人这个基本假设。坦白说，有些司机确实是蠢货，他们会以溅湿你的棉袜为乐。然而，强烈的消极情绪惩罚的是你，而不是那些司机，在你原本可以高效工作的时间里，它们却萦绕在你的心头，影响了你的工作效率。

当然，在这个例子中，我们与那名司机不会再相见，这意味着我们此时的反应并不会影响未来的我们与他之间的关系。要是我们在与客户或同事的互动中犯了基本归因错误呢？我们可能会把与新客户第一次会面的失败归因为出师不利，却不知道该客户其实已经连续失眠了两周，整个人十分难受。我们可能会认为同事不回复邮件是因为没有礼貌，但对方可能只是在忙于处理个人危机。

这一点很重要吗？我认为是的。例如，你也不希望自己因病错过了一场会议就一直被视为不负责任的人。又如，如果你因为火车延误而迟到，你也会希望考官能够给你一次机会，让你进入考场。其他人也会遭遇那些会影响他们日常生活的坏运气或大难题。下次再遇到这种情况，记得提醒自己提防基本归因错误，这样或可让你避免因一点小事或挫折就感到痛苦。此举应该能帮助你将这类事件全部分到“这种事情难免会发生”一类，增强你面对日常生活中的小打击时的复原力。

见解 2：不要太重视他人给你的第一印象

有一次，我参加了一家中型企业的高层会议，他们邀请一家收费颇高的咨询公司做了一场有关多样性和包容性的讲座，讲座中用到了饼状图、柱状图和思维导图。原定 1 个小时的讲座已经超时了大约 15 分钟，可能一时半会儿还结束不了。这时，一道陌生的声音响起："如果再听到‘心理安全空间’这个词，我就从那扇窗户跳下去。全都是胡扯！" 我环顾四周，看向那些耷拉着的脑袋，有两三张脸上明显写着不屑。我看到刚才说话那个人推开大门走了出去，门在他身后砰的一声关上了。这显然令会议主席十分尴尬，他向演讲者道了歉，保证这是特例，其他人都听得很投入。讲座继续进行，观众们则打起了哈欠。

会后有个站立式的午餐会，无人提及刚才发生的事，这让我对那个摔门离去的人越发好奇。在与会议主席握手时，我向他打听了那个人的名字。

"噢，那是格雷格。别管他，他不是多样性和包容性倡议的主要参与人，我们不需要他的支持。我们致力于建立一支具有包容性的员工队伍，能得到你的认同真是太好了……"

会议主席这番话仿佛在哄孩子，但至少告诉了我那个人的名字，尽管他的名字没有他本人那么惹人好奇。

我一直很想见见那个人，或许是他在多样性和包容性大会上嘲讽地大喊"全都是胡扯"吸引了我，又或许我只是爱多管闲事。幸运的是，我当时是那家公司的短期顾问，所以经常遇到他。第一次碰面时，他看上去心情很好，还微笑着跟我打招呼。第二次也是差不多的情景。第三次时，他把员工休息室里的最后一个茶包让给了我，他的友善消除了他在多样性和包容性大会上给我留下的印象。我鼓起勇气问他有没有时间边喝咖啡边聊一聊（我拿走茶包后，他就选了咖啡）。

我并不喜欢闲聊，在漫无目的地聊了大概 50 秒后，我便直接问他为何讨厌“心理安全空间”这个概念。接下来的情况完全出乎我的预料，他笑了，而且笑得停不下来。我在那里尴尬地站了至少 3 分钟。

他笑够了之后，邀请我去看一看他的团队。

他的团队有 20 多人，最引人注目的一点是男女人数相同，而且黑人、亚裔和少数族裔的人数明显多于其他团队。每个人都一脸开心地向他点头，还有几个人兴高采烈地大声向他问好。这里的氛围与其他楼层截然不同，明明在同一栋楼里，那些地方的人却显得疲惫不堪。这一点很令人费解。

在接下来的一周里，我发现格雷格的团队是该公司表现最好的团队之一，这当然是根据他们给公司创造的收益来衡量的，不过，在员工满意度调查中，他们的工作满意度和幸福感也很高。

我之前对格雷格的判断出现了失误。为何会这样呢？我受自身的偏差和盲点影响，构建了一个关于他是哪种人的错误叙事。我遇到的第一个问题是错觉关联（illusory correlation），我误以为他发脾气这个举动与他对职场平等的态度相关，其实二者毫无关联。这一无意识错误致使我为他构建了错误的叙事。我以为其他人是因为他的团队很厉害才对他糟糕的领导力视而不见。事实上呢？格雷格是个非常关心多样性和包容性的人，他之所以恼怒，是因为公司用打钩练习来逃避难题，不愿认真探讨其他团队面临的问题。他很在意多样性和包容性，这在他的行动中表现得十分明显。

他之所以在会议上大声痛斥，是因为他觉得公司组织此次会议只是为了博个好名声，而非呼吁大家采取实际行动。

不过，那天影响我的偏差和盲点并不只有错觉关联，还有尖角效应（horn effect）。在这一偏差的作用下，经历了不愉快的人即使毫无证据，也会给这段经历中的另一个人贴上负面属性的标签。

我们对他人的第一印象深受偏差和盲点的影响。第一次和人打交道就不愉快的情况很容易被当作一次打击，让你打定主意不再和那个罪魁祸首来往。为什么不试着把这种经历分类为“这种事情难免会发生”，从而避免担心和焦虑消耗你的复原力储备呢？

> **给他人第二次机会，让他们澄清误会，是我们生而为人最具善意的行为之一。**

我认为自己做过的最正确的事情之一就是给格雷格一次机会，让他就我所认为的不良行为给出反馈。当时，我从与他的交流中学到了很多，时至今日，我们仍会互相交流和学习。不过，请千万不要误会，我说这些并不是想让你持续受到他人的不良行为的影响，这会让你即将开启的远见思维之旅痛苦不堪，并迅速消耗你的复原力。我只是希望你能给他人第二次机会。换位思考一下，如果是你犯了错，知道还有可能得到第二次机会也将有助于增强你的复原力！

见解 3：庆祝自己的小成功

现在让我们回到刚才那个溅水的思想实验。想象一下，天空正下着雨，你走在距离自己家几个街区的路上。当看到水坑和驶来的车辆时，你已经来不及离开溅水区域了。不过，司机看到了你，他有足够的时间减速，最终没有溅你一身水。这时你会怎么做？

对许多人来说，这个故事就到此为止了。抵达目的地时，我们很可能已经不记得这件事了。相较于在司机减速避免溅我们一身水后向对方挥手致谢，我们更有可能在被溅了水后愤怒地向对方挥舞拳头。有多少人会微笑着祝那名司机度过美好的一天？

好吧！好吧！我知道，溅水这种行为除了本身很糟糕以外，还会让你付出代价，也就是身上被打湿。没人喜欢浑身湿漉漉的！尽管如此，我还是建议你认真思考一下，客户称赞你与辱骂你对你的影响有何不同，每周增收 100 英镑和每周损失 100 英镑对你的影响又有何不同。无论损失的是我们的自尊还是金钱，在损失厌恶的作用下，消极事件对我们的影响都会大于积极事件对我们的影响。

面对同等程度的损失和收益，如果不对损失厌恶加以控制，前者对我们情绪的影响会远远大于后者。我们在第 3 章中讨论过预期损失厌恶，用它解释了人们为什么不敢主动争取升职机会或推销自己的创意。在这种情况下，阻碍人们前进的是他们想象中失败可能造成的损失。现在我们要探讨的不是想象中的损失，而是切实存在的损失。一般来说，你所蒙受的实际损失可能是同等程度的成功所带来的收益的两倍。[1] 这对复原力来说意味着什么呢？

一些人在创业时将承担很高的风险。你所创建的企业可能会鼎盛一时，随后就开始走下坡路。一些人需要降职降薪才能调到一个更有趣的岗位。你会低估收获的快乐，高估蒙受损失的痛苦，意识到这一点，你可能就会暂时停下脚步，为自己所取得的成就感到自豪。

牢记损失厌恶的存在有助于增强你的复原力，因为你了解了损失厌恶对自己的影响，就可以采取相应的措施，降低它对你的伤害。不过，损失厌恶就像我们的其他本能反应一样根深蒂固，这一策略也只能帮我们到这里了。如果你能有意识地转移自己的注意力，常常庆祝自己的收获，那你对损失与收益的态度可能就会发生改变，也就更容易平衡它们。那该怎么做呢？你需要每天总结哪些事情进展顺利。此举与当下正在发生的事情直接相关，因此，你也可以把这当作是在练习感恩当下。

这个简单的练习真的能够增强复原力吗？已有证据表明它可以。2011 年，罗珊娜 · 刘（Rosanna Lau）和郑相德（Sheung-Tak Cheng）开展了一项创新研究，清楚地证明了复原力与感恩之间的关联。研究对象全是中国人，年龄在 55 岁及以上。他们被随机分为三组，第一组被要求写下一生中令他们感恩的事件，第二组则需写下令自己担心过的事件，第三组的任务很中性，不涉及个人情感。随后，研究人员评估了参与者对死亡的焦虑程度，他们预计，这个年龄段的人应该都想过这个问题。研究发现，参与感恩练习的那一组对死亡的焦虑程度要低于另外两组，也即他们的复原力更强。

有针对其他年龄段的人的相关研究吗？有的，且研究设置类似。2003 年，罗伯特 · 埃蒙斯（Robert Emmons）和迈克尔 · 麦卡洛（Michael McCullough）对大学生的复原力进行了研究，发现进行感恩练习 10 周后，学生们对生活的满意度提高了，情绪有所改善，头痛也有所减少。一个小小的行动就带来了巨大的收益。一句简单的感谢真的可以增加你的复原力储备。更重要的是，学会感恩还有助于缓解抑郁，提升幸福感，增强自尊心。[2]

> **有意识地认可自己的小成功是开始感恩练习、增强复原力的好方法。**

你不需要把这个练习搞得很隆重，甚至不必写下来，当然，也有很多人喜欢通过写下令自己感恩的事情来进行练习。你只需要每天抽出 5 分钟的时间（一个固定的时间段有助于你把练习变成习惯），认真回顾你在过去 24 小时里感到快乐的时刻。

从重大的胜利到微小的好事，无论平凡与否，都是你应该关注的对象，而这需要用到你的慢速大脑（系统 2）。通过关注这些积极时刻，你在蒙受切实的损失时就不会过于难受，也能客观地看待负面事件。

人生总是起起落落，我们应该正确看待得与失，既不过度关注损失，也不忽视收获。

现在就行动起来吧，写下你今天取得的三次小成功：

1）______________________________________

2）______________________________________

3）______________________________________

见解 4：拥有能运用远见思维、小步前进的能力是一件幸事

对 7 岁的我来说，没有什么事情是比萨饼和电影解决不了的。如今，作为一个 30 多岁[①]的人，我会用散步和马提尼酒来排遣日常生活中的压力，如果情况实在太糟糕，我会外出旅行 3 天。

如果不是刻意留心，我不会注意到自己会在遇到挫折时暂停下来休息一下，而拥有这一能力是件幸事。能运用远见思维、小步前进，构建自己理想中的职业生涯，这是一件幸事。

你可以提醒自己，能够拥有远见思维并追逐梦想是多么幸运，一路上遇到的挫折都只是这段旅途的一部分，这个练习有助于增强你的复原力。你能够踏上这段旅途本身就是一件幸事，而不是一件苦差事。

这不同于针对过往获得的小成功进行的感恩练习，后者是感恩过往所取得的成就，前者则是有意识地感恩你所做出的决定，尤其是那些推动你一步一步迈向远大目标的选择。

在这个世界上，数以百万计的人在新的一天到来时根本没有时间去考虑长远的事情。一些人正在苦苦维持收支平衡；一些人则受到传统或政府的限制，无力做出改变；一些人是自己或家庭成员生病了，他们不得不优先关注自己或家人的健康；还有一些人根本不具备工作能力。

---

① 这里是指 2019 年，即作者撰写本书的时候。——编者注

> **运用远见思维并为实现远大目标制订计划，这是你有幸可以做而非不得不做之事。**

我们已经探讨过积极的叙事框架对信息传达的影响。请给你实现远大目标所需的小步骤套上“有幸可以做”的叙事框架，如此一来，你自然会对得到的机会心怀感激。记得提醒自己，无论你采取的小步骤（在第 1 章中确定的活动）有多小，只要将它们变成日常生活的一部分，定期去实施，你就会不断前进。还要提醒自己，有幸从事这些活动本身就是一件值得感恩的事情。

这种感恩练习可以增强你的复原力。在远见思维之旅中，你可能需要学习一项新技能或负责一个长期项目，该练习也有助于你完成这些任务。遭遇挫折时，你可以通过这种练习来了解真实的状况，避免自己反应过度，心理压力过大，消耗复原力储备。

见解 5：比较的方式很重要

2015 年，我受一家大企业邀请，去做一场普通观众会感兴趣的讲座，主题是行为科学的应用和复原力。讲座当天，我精力充沛，观众也十分热情。我谈到了享乐跑步机（hedonic treadmill）理论，这是一个著名的理论，它解释了为什么人们的幸福感不会随着收入或地位的提升而升高——因为总会有人赚得更多或做得更好。相互攀比永远没有尽头，你总能发现比自己优秀的人或某人身上比你优秀的地方。在一个拥有 Instagram、Facebook 和 Snapchat 的世界里，找到比你优秀的人太容易了。

就在这时，我看到观众中有人举起了手。那是一位高级常务董事，我向他挥了挥手，鼓励他大声说出自己的问题，并趁机喝了一大口水。

“在管理员工时，我遇到了一个难题，”他说，“每次发奖金，我都不得不拿出图表，让所有人看到，与同等职位的同事相比，他们的薪酬处于何种水平，但无论他们的工作表现如何，最终的结果都不会令他们满意。既然薪酬透明制让大家这么痛苦，我们还有必要坚持这种制度吗？”

如今，在薪酬透明化的呼声下，许多大企业已经公开了员工的薪资，让他们能够看到自己与同事的薪资对比。看到老板给自己每一项的评分都低于平均水平，很少有人会感到轻松愉快，因为这种做法会非常清楚地显示出我们与他人之间的差距。我非常支持薪酬透明化，事实证明，对那些一般不会主动要求加薪的群体（比如女性）来说，此举可以促使他们主动提出加薪的要求。不过，如果你真的关心员工的幸福感和满意度，那就不要把发放绩效工资的日子变成员工攀比工资的日子，这只会给你带来麻烦。或许你应该拿出一张有关员工个人职业生涯成长的图表，引导他们关注自身的成长。

> **如果你将注意力放在自己取得的进步上，避免与他人比较，就能减少对复原力的消耗。**

若想做到这一点，你必须转变思维方式。你是否喜欢与他人比较？你会把自己取得的成就与认识的人或经常接触的人的成就进行比较吗？还是说，你只会关注自己的进步，只会看到自己取得的成就？如果拿自己与他人做比较，就是在做相对比较。如果只是持续关注自己的进步，那就是在做绝对比较。

虽然只关注绝对比较可能很难，但它能够增强你的复原力。

假设你正在努力减肥，相对比较意味着你会与减肥群里的其他人比较，根据他们的每周减肥成果来评判自己的进度。同样是一周减重 1.5 千克，你只会在别人比你减得少时才会感到开心。听起来很荒谬？事实上，在很多时候，我们都会下意识地利用相对比较而非绝对比较来评估自己的进步。

小时候，你将试卷拿给父母看时，父母是否会问你，你班上的同学考了多少分，并据此做出反应？你有没有拿朋友的表现与自己的表现做过比较？在获得加薪时得知同事的收入比自己高，你会生气吗？这会不会让你那份丰厚的薪水显得黯然失色呢？

关注绝对比较而非相对比较，有助于持续提升你的表现，加速你的进步，维持你的复原力储备。除了我给你讲的故事，还有很多优质的学术论文也证明了这些观点，并强调了相对比较会影响你的表现。[3] 如果这还不足以让你放弃与他人比较，那请为了提升自己的幸福感而这么做吧。[4] 时刻担惊受怕，拿自己与他人做比较有什么意义呢？若想正确对待进步，你只需要关注今天的自己相较于昨天的自己有何进步。

见解 6：改变注意力焦点

我人生中最尴尬的时刻发生在盛夏的一天。那天阳光灿烂，7 岁的我正倒挂在儿童单杠上，突然，我的短裤裂开了，那是我最喜欢的一条短裤，我的小脸瞬间涨得通红。在试图爬下单杠时，我在心里祈祷着没人看到自己出糗，却遭到了本地学校大约 50 名男生的齐声嘲笑。

在你的记忆中，你最早学到的对自己有用的人生经验是什么？我最早学到的是，若想从尴尬的情绪中走出来，最好的方式就是转移注意力。在那个夏日，比萨饼和电影《小精灵》（*Gremlins*，一开始是恐怖片，结局却是喜剧）帮助我转移了注意力。

被客户拒绝了？升职申请被拒绝了？以书面形式提出的意见被忽视了？收到了一封来自同事的、充斥着恶言恶语的电子邮件？和商业伙伴发生了争执？遇到糟心事时，建议你暂时抽身，去做一些能转移自己的注意力的事情，这能让你的复原力储备恢复些许，从而让你更从容地应对糟糕的局面。这也能最大程度地避免情感启发式的出现，而情感启发式这一心理捷径会让情绪左右你的决定和反应，这些决定和反应不一定是对你最有利的。

最重要的小贴士：将你的注意力从压力重重的处境中移开

在需要转移注意力时，我会做些什么呢？我选择的活动都很普通，通常来说，我会视具体情况从下列 10 项活动中选择其一：

1. 带着我的狗凯茜去里士满公园散步。
2. 参加普拉提训练营。
3. 看小说。
4. 和朋友一起喝马提尼。
5. 沉浸在戏剧或电影中。
6. 关掉手机，在伦敦闲逛。

7. 利用我的研究进入心流状态。
8. 享受泰式按摩。
9. 找一个与世隔绝的地方待着。
10. 回科克看望家人。

那你应该做些什么呢？如果冥想对你有用，那就去冥想。[5]这种事情其实因人而异，放松方式、获取客观判断力的方式也会因人而异，找到适合自己的方式将会让你终身受益。你选择做什么可能也取决于你所面对的失败或问题有多严重。大多数时候，我并不需要去一个与世隔绝的地方，切断与他人的联系，带着凯茜去里士满公园遛一个小时就足够了。看着它兴奋地跳进水坑、溅起水花，或者在尘土飞扬的小路上打滚，我也会放松下来。与凯茜待在一起，看着它享受当下，我也会忘记烦恼，享受现在。

现在，请抽出一点时间写下能让你短暂逃离现实苦闷的方法：

1）________________________
2）________________________
3）________________________
4）________________________
5）________________________
6）________________________
7）________________________
8）________________________
9）________________________
10）________________________

丹尼尔·卡尼曼在《思考，快与慢》（*Thinking Fast and Slow*）中写道："人生之事，全都没有你想象中那么重要。"如果任由一个负面事件占据你的大脑，那它就会显得比实际更重要，也即小题大做。如果你陷入了尴尬的境地，请想一想聚光灯效应。其他人可能正忙于处理自己的失误和过失，根本没有心思关心你的差错。当你意识到很少有人会注意到自己的失败时，你就更容易重整旗鼓。

有一点必须说清楚，我并不是建议你一直逃避，也不是建议你将情绪深埋心底，连在自己舒适的家里也不能有片刻释放，大声宣泄自己的愤怒。我只是建议你，在经历了"我将很快重整旗鼓，找出解决办法"或"我会深受影响，停滞不前"这类事件后，先去做点其他事情，转移一下注意力，让自己休息片刻，然后再采取下一步的行动。

在遭遇失败或遇到问题后，如果你必须做出某种决定，那最好不要立刻下决定，给自己一点时间，等情绪平静下来后，再做出会即刻生效的决定或采取其他行动。

大多数时候，在做出重大决策前你都可以喘息片刻，哪怕你面对的是在当时看来犹如灾难一般的事件。给自己一些缓冲的时间，不要发出带着怒气的邮件，也不要愚蠢地使性子。在那一刻，如果有人让你做出决定，你完全可以告诉他们，你需要一点时间自我调节，不要让他们将你置于窘境。给自己一点时间重整旗鼓，卸下压力，构建复原力。

见解 7：重新审视那些浪费时间的活动

我昨天三餐都吃的外卖，也没有出去散步。我把时间都花在了毫无必要的会议上，其中四场连议程都没有。与会者探讨的观点都不成熟，发言只是为了走过场。我慢慢失去了对生活的热情。我昨晚只断断续续地睡了4个小时，对于今天可能会面临的问题，我几乎毫无准备，也无能为力。我的复原力彻底耗尽了。

昨天，我浪费了自己最宝贵的资源——时间。

在第2章中，你花了一些时间来确认哪些活动会浪费自己的时间。而你可能已经注意到了，我刚才将毫无必要的会议视为浪费时间的活动。这不同于我花时间与他人探讨合作、推进项目或者只是保持联系，后者对我来说是不可或缺的人际互动。至于前者，我非常肯定我并不需要它们。

有时，你会感觉自己的时间好像蒸发了一样，由此引发的连锁反应是你无法高效地完成工作，也无法进入心流状态。你会在一天结束时感觉自己什么事都没做成。当产生这种感觉时，你的复原力会下降，你也很难摆脱困境。在这样的日子里，或者等这样的日子过去后，你应该做一次用时审查，找出一天里令你停滞不前的活动。你是否已经在第2章中找出了这些活动？也许因为自身的盲点，你漏掉了其中一些？还是说，你从不认为自己可以摆脱它们？你认为自己的这一认知真的准确吗？

> **找出令你心力交瘁的日常活动，减少或避开这些活动，这将有助于维持你的复原力水平。**

此举还能为你采取的小步骤腾出时间。这些小步骤与你需要培养的技能和参与的活动有关，有助于你实现远大目标。现在，请你重新评估自己的时间使用方式，将令你心力交瘁的活动（比如处理无关紧要的电子邮件）换成能够让你恢复精力的活动。若想给自己重新充满电，最重要的就是健康饮食、勤加锻炼，这能让你精力充沛、头脑清醒，还可以形成良性循环，让你变得更加专注，更坚信自己能实现远大目标，并且更具复原力。

你在前文中找到了能让自己卸下压力的活动。你之所以选择它们，是因为参与这些活动能改善你的状态。除了有意识地注重饮食健康、勤加锻炼外，为什么不把一些减压活动融入你的每周计划呢？你不会等到车坏了才去保养，那为什么要等到复原力耗尽了才去补足呢？

见解 8：衡量你的复原力

作为学者，我经常被拒绝。这是这份工作的一部分。我必须得写论文，但就算是极具创造力的人，他们的论文也依然有被拒绝的时候。

为什么说这是"这份工作的一部分"？原因很简单，作为学者，如果你很少被期刊拒绝，那肯定是你的目标定得不够高。在排名低的期刊上发表文章很容易，但要在顶级国际期刊上发表文章就很难了。我可以肯定地说，经过这些年的历练，我面对拒绝的复原力强了许多，因为只有这样，我才能继续从事自己热爱的工作。你能否找到可以提升自己的复原力水平的方式呢？掌握了这些知识是否有助于增强你的复原力呢？复原力是可衡量的吗？

我们在第 2 章中探讨过，能衡量的事情更容易完成。通过衡量和监控自己的进步，关注进步会逐渐变成我们的习惯，从而让进步的突显性增强，让我们更清楚地看到自己的成长，这些收获会激励我们继续前进。

复原力也是如此。突显小步骤所带来的好处能让你记住它们，从而坚持践行它们，同理，如果你意识到自身的复原力储备在增加，就会倾向于持续提升自己的复原力。

若要审查自己的复原力水平，就需要先衡量它。不过，复原力的衡量方法并不是那么简单明了。

如果你可以买到瓶装的复原力，它会是什么样子呢？它的配方会是50% 的顽强加 50% 的毅力吗？研究表明，复原力水平高的人很有可能同时具备这两大性格特质。[6] 研究人员设计了一个简单的复原力量表，你可以通过监控自己的分数来衡量自己的复原力水平，该量表充分体现了顽强和毅力这两大特质。

这个量表由布鲁斯 · 史密斯（Bruce Smith）及其同事于2008年提出，包含下列 6 项陈述：

1. 我往往能从困难中迅速恢复过来。
2. 我很难挺过压力事件。
3. 我能从压力事件中迅速恢复过来。
4. 我很难在坏事发生后迅速恢复过来。
5. 我总能轻松度过艰难时期。
6. 我往往要花很长时间才能克服生活中的挫折。

你要评估的是，对于这些陈述，你是非常不同意、不同意、中立、同意还是非常同意。

第 1 项、第 3 项、第 5 项的得分分别为 1= 非常不同意、2= 不同意、3= 中立、4= 同意、5= 非常同意。第 2 项、第 4 项、第 6 项的得分分别为 5= 非常不同意、4= 不同意、3= 中立、2= 同意、1= 非常同意。你的总分越高，复原力就越强。

在审查复原力水平时，不要评判自己的起点，你需要关注的永远是自己的进步。请记住，最重要的不是相对进步，而是绝对进步。你要做的是每 6 个月就认真且实事求是地做一次评估，并关注在这段远见思维之旅中自己的分数是否有所提高。

你只需突显出自己的复原力在不断提高，就可以激励自己持续为此投入。

见解 9：正确认识打击

我在本章开篇就探讨了对日常生活中的打击的定义是因人而异的。不过，人是会随着时间而改变的。我在过去 10 年中的一大变化就是改变了对日常生活中的打击的认识，从此不再为鸡毛蒜皮之事伤脑筋。

除了用前文提及的方法衡量自己的复原力外，你还可以用另一种方法来突显自己的复原力是否在增强，那就是在为下一周制订计划时，反思自己应对负面事件的能力有何改变。这个方法很好操作，你只需列出过去一周经历的所有负面事件，然后像本章开篇所讲的那样，将这些事件分为“这种事情难免会发生”“我将很快重整旗鼓，找出解决方法”和“我会深受影响，停滞不前”三类。如果你发现前两类的数量较第三类有所增加，那就说明你的复原力增强了。

随着复原力的增强，你对负面事件的认识自然也会发生改变。在迈向远大目标的过程中，你若是发现自己每周列出的负面事件越来越少，那就表明你抗打击的能力在不断增强。负面事件清单之所以不断缩短，是因为对你而言，曾经出现在清单上的一些事件已经不算打击了，比如同事无缘无故地发脾气或收到负面反馈。

> **不为鸡毛蒜皮之事伤脑筋的快乐在于，你甚至不会记得它们。这样你就能腾出更多时间，专注于真正重要的事情。**

你一定要分清适应打击和让自己遭受毫无必要的打击之间的区别。一般来说，如果同事发脾气，我眼睛都不会眨一下。不过，我并不是一个会任由他人拿捏的人，如果这种事情经常发生，我会默默地将他们从我的日程安排中剔除。

见解 10：睡个好觉

呼呼呼呼呼呼呼呼呼呼呼……

> 科学家发现了一种革命性的新疗法，可以延长你的寿命。它能增强你的记忆力，让你更有魅力；它能降低你对食物的欲望，让你保持苗条的身材；它既可以预防癌症和痴呆，也可以预防感冒和流感；它能降低心脏病和中风发作的风险，预防糖尿病就更不在话下了；它甚至能缓解抑郁和焦虑，让你更快乐。

这段话出自马修 · 沃克（Matthew Walker）的《我们为什么要睡觉？》（*Why We Sleep*）。这是一本很棒的书，书中列出了翔实且令人信服的证据，证明了睡眠是一种灵丹妙药，可以解决影响我们健康的诸多问题。回到本书的主题，健康的睡眠习惯能够增强你的复原力。如果你刚经历了紧张忙碌的一天，睡眠能让你的身心都得到放松。我喜欢睡觉，我发现在遭遇挫折时，睡眠有助于我恢复精力。

> **一夜好眠后的你能更从容地应对人生困境。**

7个小时的连续睡眠能让我在面对同事、合作者或学生时精力充沛，也能让我在持续学习时更容易进入心流状态。最佳睡眠时长可能因人而异，你需要了解自己的睡眠需求量，并制订好计划，以确保自己睡眠充足，这样才能保持健康的体魄，进而提升复原力。

最重要的小贴士：提高睡眠质量

下面列出了10条有助于提高睡眠质量的建议，请选出一条或多条融入自己的日常生活。与我们探讨过的所有行为科学见解一样，你可以使用试错法来尝试这些建议：

1. 每晚在固定时间入睡，每天早上在固定时间起床。
2. 睡前1小时尽量不要接触强光。
3. 将睡前1小时定为放松时段，远离一切形式的屏幕。
4. 不要将手机或其他电子设备放在卧室。
5. 睡前4小时不要喝含咖啡因的饮料，可以在放松时段喝点令人放松的饮品，比如热牛奶或药草茶。
6. 睡前4小时不要吃大餐。
7. 保持卧室的整洁。

8. 购买透气面料的床单、枕套、被罩和睡衣，比如棉质的。

9. 让室温保持在15℃到22℃之间，监测你在该温度区间的睡眠质量，找出最适合自己的温度。

10. 在入睡前，记得拉上窗帘并关灯。

坚持走下去

你的复原力水平越高，你就越有可能坚持下去。这一特殊的生活技能也能提高你的幸福感，让你保持心理健康和身体健康，增强你的创新能力和积极性。因此，你为提升复原力水平而付出的一切都是非常值得的。[7]

时间回到2004年，当我从科克搬到都柏林时，我的复原力很弱。幸运的是，那天坐在驾驶座上的是我的朋友凯文，他帮我转移了注意力，并向我保证负面情绪很快就会消失。必须强调的是，当自己的复原力储备不够时，你可以也应该依靠朋友。生命太短暂，我们不可能总是独自面对生活中的打击，尤其是在没必要这么做的时候。

当然，应对打击也不全是坏事。逆境本就有利于培养复原力。狂风暴雨的洗礼本身就能让你受益，它能证明你的应对能力。失败了却仍然坚持，这就证明你是一个坚韧不拔的人。遭遇严重的办公室政治，但与同事的关系很融洽，这就证明你是受人尊重的。没有让他人的负面情绪影响自己，这就证明你很坚强。在社会变革中保全了自己，这就证明你是一个幸存者。这些证据可以为你的性格建立新的积极叙事，并让你坚信这些叙事。

本章提供的行为科学见解旨在帮助你培养复原力，现在让我们来回顾一下：

见解 1：小心基本归因错误

遇到糟心事时，你要提醒自己小心基本归因错误。此举也许可以让你的遭遇显得没那么糟糕，你的情绪也就不会受到影响。

见解 2：不要太重视他人给你的第一印象

第一印象深受偏差、盲点和启发式的影响。给他人第二次机会，让其澄清误会，这是我们生而为人最具善意的行为之一。

见解 3：庆祝自己的小成功

每天回顾自己在这一天内取得的小成功。

见解 4：拥有能运用远见思维、小步前进的能力是一件幸事

每天提醒自己，能够运用远见思维、小步前进，构建自己理想中的职业生涯本身就是一件幸事，而非一件苦差事。

见解 5：比较的方式很重要

要关注绝对比较而非相对比较，这能提升你的表现。

见解 6：改变注意力焦点

遇到不好的事情，先抽身而出，做点其他事情转移自己的注意力，从而避开情感启发式。

见解 7：重新审视那些浪费时间的活动

管理好你的时间，与其让浪费时间的活动消耗你的复原力储备，不如将这些时间用于从事能让你恢复精力的活动。

见解 8：衡量你的复原力

使用已被验证有效的量表来衡量自己的复原力水平，突显出你的复原力在不断增强。

见解 9：正确认识打击

关注自己对打击的认识是否发生了变化，突显出你在增强复原力方面是否取得了进步。

见解 10：睡个好觉

充足的睡眠至关重要。

践行这些见解可以增强你的复原力。随着复原力储备的增加，你会发现自己这一路所经历的失败和遇到的问题变得没那么严重了。你将在这些新的经历中发现学习的机会。你对这些事情的叙事框架也会发生改变，它们不再是永远无法消除的障碍，而是有待克服的困难。你会将应对这些打击视为远见思维之旅的一部分。你将会习惯遭遇打击、重整旗鼓、继续前进这一过程。你会适应的。

祝你增强复原力顺利！

在进入下一章之前，请确保你已经： **THINK BIG**

- 列出过去一周经历的负面事件，并将它们分为“这种事情难免会发生”“我将很快重整旗鼓，找出解决办法”和“我会深受影响，停滞不前”这三类。

- 从本章提供的见解中选出一条或多条融入自己的远见思维之旅。

本章提到的 5 个绝妙的行为科学概念

1. 心理安全空间：身处这一环境时，人们可以畅所欲言，不必担心遭受惩罚或羞辱。
2. 错觉关联：人们误以为某些无关的变量之间存在关联。
3. 尖角效应：这是一种偏差，在它的作用下，经历了不愉快的人即使毫无证据，也会给这段经历中的另一个人贴上负面属性的标签。
4. 比较：一个人通过与他人比较来评估自己取得的成就。
5. 突显性增强：将人们的注意力吸引到某一行动带来的好处上，以促使他们坚持下去。

迈上远见思维的旅途

在这个世界上，每天都有人认定自己需要在工作中做出改变。你们中的许多人就是想要改变，才会阅读本书。你们想要换一种更好的谋生手段。“更好”的定义因人而异，实现“更好”的方法则大同小异。

你可能想在工作中更快乐、更自主，或者做一些能激励自己的事情；你可能在寻求个人成就感，或者寻找一份有社会责任感的工作，也可能想获得更多的财富、更高的地位或更大的权力；你可能想与他人一起工作，也可能想独自工作；你可能想拥有创造力和创新能力，或者想从事与数字打交道的工作。你想要什么取决于你的价值观和偏好。价值观和偏好会因人而异，也会随着时间而改变。

人们所追求的目标有大有小。一些人希望加快职业发展的进程，另一些人则希望平级调动，更多的人想要找份副业，也有人想要换个职业。

他们的共同之处在于，如果有一个完备的计划，且该计划的架构有助于他们避开自身及他人的偏差和盲点，他们就更有可能获得成功。

让你的远见思维之旅变成一场中期探险，这不但不会让你的生活发生剧烈且巨大的变化，反而能提升你的成功率。本书的核心在于提供一个框架，帮助你做到这一点，因此，本书值得你在整段旅途中不时重温。

当你读完这本书时，你应该已经确立了明确的目标，一如第 1 章所述。这就是你的远大目标。在运用远见思维，以及为“进阶版自己”选择谋生方式的过程中，你确立了自己的远大目标。接着，你确定了实现该目标所需参与的一系列活动。这些活动被称为小步骤，只要定期完成这些小步骤，你就能实现目标。在第 1 章中，你还花时间反思了阻碍自己前进的个人叙事。只有先找出这些叙事，你才能构思自己想要的新叙事，并通过参与有助于建立新叙事的过程来改变旧叙事。例如，如果你认为自己在为既定目标而奋斗时总会中途放弃，那就集中精力完成你在第 1 章中确定的那些小步骤，它们就是你参与其中以改变旧叙事的过程。不断重复这些过程，新的叙事就会诞生，并取代旧的消极叙事。通过每周一次的自我审查，你可以清楚地看到自己的进步。突显进步能让你始终记得参与这一过程可以获得的好处，从而激励你坚持下去。

时间是你最宝贵的资源，请好好利用它。第 2 章旨在帮助你找回一些时间，让你可以定期完成那些小步骤，并最终实现自己的远大目标。为此，你在第 2 章中找出了那些严重浪费自己时间的活动，并承诺要减少这些活动。为了让你信守对自己的承诺，第 2 章还提供了 10 条行为科学见解，在尝试将它们融入自己的日常生活时，务必记得关注它们对你的影响。你是独一无二的，而不同的见解适用于不同的人，如果某条见解对你有效，那就坚持，如果无效，就停止。这就是试错学习法。

阅读完本书，你应该已经意识到自身的认知偏差会干扰你的计划和目标。遏制这些偏差或许并没有你想象中那么容易。许多偏差都是你的无意识行为，受系统 1（你的快速大脑）控制。你也许能够理解自身的偏差产生的逻辑，但难以阻止它们的出现。为了消除它们，你应该将第 3 章的部分见解融入自己的远见思维之旅，这有助于你实现自己的远大目标。祝你一路顺风！

当然，问题并不是全出在你身上。我们在第 4 章中探讨了他人的认知偏差对你的影响。你应该在乎他人的认知偏差吗？“不，去他们的！”这话听着很爽，但若是带有偏差和盲点的人会阻碍你前进呢？最好的选择可能是避开这些偏差和盲点，而非让自己的事业受阻。为此，第 4 章为你提供了一些有助于你避开他人的偏差与盲点的见解。当有人阻碍你前进时，你就可以回顾一下这些见解。这些阻碍包括质疑你定期完成小步骤的能力，以及在你前进的道路上设置重大障碍。请记住，在陷入看似不可摆脱的困境时，你还可以向他人求助！

我们身处的环境会影响我们的表现、动力、毅力，以及我们做出的所有选择，这一点毋庸置疑。行为科学为我们提供了一些见解，指出了哪些小改变或可推进我们的远见思维之旅。在第 5 章中，我们探讨了可以对自己所处的现实环境进行的微调，这些调整可以帮助你实现远大目标。奇妙之处在于，你只需对空气、绿植、光线、温度、噪声、空间、杂物和颜色稍加关注就能从中获益。第 5 章还介绍了如何通过改变环境来防止数字干扰——这才是最浪费时间的活动！本书已接近尾声，此时的你应该已经决定改变自己的线上沟通方式。你应该找出最容易令自己分心的数字干扰，并有意识地重置自己所处的数字环境，只在一台电子设备上保留该事物，也只在一天中的特定时段使用该设备。相信我，这真的有效！

后记虽然被放在最后，但同样很重要。这一章探讨了能够增强你的复原力的行为科学见解，重点在于培养能帮助你应对日常生活中的打击的复原力。为增强复原力而付出的努力也会对你的日常生活产生积极影响。这一核心生活技能可以提高你的幸福感，让你保持心理健康和身体健康，增强你的创新能力和积极性。在这段旅途中，你势必会遇到挫折，拥有更高的复原力，你就更容易从这些挫折中恢复过来，甚至有可能完全注意不到它们，进而调整好自己的状态，大步迈向既定目标。

这 6 章及其包含的 6 大方法为你的远见思维之旅提供了一个框架。建议你不时重温本书，回顾这些见解。虽然我撰写本书的初衷是帮助你构建理想中的职业生涯，但书中的见解也有助于你追求其他目标。例如，你若想腾出更多时间陪伴家人、锻炼身体以及参与社交，那么聚焦浪费时间的活动的第 2 章就能帮到你。你若想弄清楚自己为何无法坚持运动或攒钱，那第 3 章中有关遏制自身偏差的一些知识就能帮到你。后记提供的复原力增强方法则对你生活的方方面面都有帮助。

我希望这本书中的内容能帮助你提前实现自己的远大目标。有目的地开启职业之旅是令人兴奋的。正如我在书中一直强调的，任何结果都是运气和努力共同的产物，因此，请允许我借此机会祝你好运！我相信你会持续努力，在未来几年里成为“进阶版自己”，同时也能享受这段旅途！

请记住，你一路上遇到的所有人也都在为美好的生活而奋斗。他们和你一样，也会陷入迷茫、忧虑和痛苦。你与他们相遇时并不知道他们正在经历什么。他们可能遇到了阻碍，或者深陷困境。他们可能正受到自己或他人的偏差和盲点的影响。他们的复原力可能很弱。他们的职业发展受阻，可能需要你伸出援手。我们已经知道，你精心制订的计划可能因他人而化为泡影。对你遇到的那些人来说，你也是“他人”。因此，当你与他们相遇时，请暂时停下脚步，给对方一声亲切的问候，这只会占用你一点点时间。你是可以挤出时间用于帮助他人的。当别人犯错时，你要多一点耐心。请给予他人你期望得到的尊重。放慢你的脚步，多多留心。当我们四处奔忙时，系统 1 能帮助我们迅速做出决定，但它也可能会让我们忽略他人的求助，而后者值得我们付出时间。

请放慢你的脚步，多多留心，并始终保持善意。

祝你开启这段旅途愉快！

致 谢

有句谚语说，这件事需要举全村之力[①]，那么，完成本书就是举全城之力，这座城市就是伦敦。我特别感谢在伦敦金融城等地与我分享趣闻以及自己的故事的所有人。正是基于对他们的了解，我才更深刻地认识到行为偏差对个人职业生涯的影响，以及该如何应对这些问题。自 2011 年我来到伦敦后，各行各业都有人乐于与我分享他们的工作和生活，这些人的数量之多超出了我的预期。谢谢你们相信我，愿意与我分享你们的故事，帮我完善我的理论，也感谢你们成为我的朋友。

感谢我优秀的代理人迈克尔 · 阿尔科克（Michael Alcock），以及他在约翰逊和阿尔科克公司（Johnson and Alcock）的同事。感谢特雷莎 · 阿尔梅迪亚（Teresa Almedia）帮助我按时完成了收尾工作。感谢企鹅人生

---

① 这句谚语的全文是“养育一个孩子需要举全村之力”（it takes a village to raise a child）。——译者注

（Penguin Life）给了我这次机会，感谢茱莉娅 · 穆尔戴（Julia Murday）监督、协助我完成本书。感谢我的编辑杰克 · 拉姆（Jack Ramm）和莉迪娅 · 亚迪（Lydia Yadi），他们的付出将本书推向了新的高度。感谢企鹅出版集团中为本书做出过贡献的所有人，尤其是杰玛 · 韦恩（Gemma Wain）。再没有比这段旅途更美好的经历了。

在伦敦政治经济学院工作的每一天我都心怀感恩，感谢学院为我提供的诸多机会，让我结识了校内的杰出学者。我也要感谢多年来支持过我的所有同事。时间是我们最宝贵的资源，伦敦政治经济学院诸多系部的同事花费大量时间与我探讨本书及其他领域的观点，让我大获裨益。一位好心的同事曾经提醒我，如果我在致谢时漏掉了某个人，那可就麻烦了，因此，借助一下巴纳姆效应，我想说，非常感谢你，“你知道我感谢的是你”。不过，我还是要特别感谢我的所有合著者，他们分散在世界各地，推动我提升了工作质量，并最终完成了一篇篇论文！我还要感谢行为科学领域的各位朋友，能够与你们在伦敦政治经济学院共事，共同推动行为科学的发展，我真的深感荣幸。

我还要特别感谢我的学生，尤其是我带的第一批行为科学硕士研究生，他们于 2019 年入学，陪伴我写完了这本书，度过了新型冠状病毒肺炎疫情的封锁期。我还要感谢帮助我在伦敦政治经济学院发起“包容性倡议”的同事。

感谢我的伴侣基兰，他一直充当我的幕后参谋，评论我的各种想法，阅读我的各种草稿，从未令我失望。我一连数月忙于撰写本书，周末和夜晚也不休息，在此期间，他为我沏了无数杯茶。谢谢你。还有一个不能漏掉的就是我的凯茜，我美丽的斗牛犬、完美的吉祥物，爱狗人士一定能明白我为什么这么说。与凯茜一起散步、一起放松治愈了我，让我感受到了生活的美好。当工作中的我进入心流状态时，它就在我身旁呼呼大睡，它的呼噜声是最美妙的背景音乐。

谨以此书献给我的母亲，她值得。我一直深深思念着她。是她为我铺平了道路并一直鼓励我，我的人生才迎来了转机。她是一个了不起的人。我还要感谢在家乡科克的所有亲朋好友的鼓励，尤其是我的第一任老板奥利芙·德斯蒙德（Olive Desmond），她在许多年前就向我展示了建立在善良之上的领导力。我还要感谢我的父亲和我的姑妈玛丽，没有你们，我就不可能完成本书。无论何时，只要我想回家，你们都会欢迎我。纵观我的一生，你们一直是我最坚强的后盾，这对我来说意义非凡。你们的陪伴也给了我精神上的抚慰，我迫不及待地想要尽快见到你们。

最后，我还要感谢你们，我的读者，把你们放在最后绝不是因为你们毫不重要。你们阅读本书就是将你们的时间交给了我，这是我的荣幸。我希望你们能运用远见思维，采取小步骤，构建起自己理想中的职业生涯。

祝你们拥有圆满的结局！

注 释

前言

1. 2013 年，丹 · 吉尔伯特（Dan Gilbert）及其同事在《科学》杂志上发表了一篇论文，他们的研究成果有力地证明了这一点。他们研究了超过 1.9 万人，要求受访者评估自己在过去 10 年里发生了多大的变化，并预测自己在未来 10 年里会发生多大的变化。各个年龄段的受访者都认为自己在过去的变化很大，但对未来的预测相对保守。J. Quoidbach, D. T. Gilbert and T. D. Wilson, 'The end of history illusion' , *Science* 339/6115 (2013), pp. 96–98.

第 1 章

1. 行为科学指出，大多数人都想跟随大众的脚步。这就是所谓的从众。因此，我想告诉你，80% 的本书读者可能会完成这个练习。希望在从众效应的作用下，你也能完成这一练习。
2. 为探究刻板印象威胁带来的影响，我们甚至可以考虑随机选出一组孩子进行干预，在数学考试前给他们明确的暗示，比如向他们展示一张画着一个女孩解不出数学题的插图。在考试前，这些孩子看到这张插图就会得到强烈的暗示：女孩不擅长数学。一项针对 240 名 6 岁儿童的研究就采用了这种方法。研究人员搜集了他们参加数学考试前和看到图片前的数据，这些数据表明，这些儿童对男孩和女孩的数学能力的实际认知并没有差异。研究结果还显示，即便这些儿童此前并不认为女孩不如男孩擅长数学，但在受到该刻板印象的威胁后，女孩的成绩会有所下滑。S. Galdi, M. Cadinu and C. Tomasetto, 'The roots of stereotype threat: When automatic associations disrupt girls' math performance', *Child Development* 85/1 (2014), pp. 250–263.

3. 据估计，智力的遗传力在 20% 到 60% 之间，具体数值取决于样本所处的生命阶段。C. Haworth et al., 'A twin study of the genetics of high cognitive ability selected from 11 000 twin pairs in six studies from four countries', *Behavior Genetics* 39/4 (2009), pp. 359–370; R. Plomin and I. J. Deary, 'Genetics and intelligence differences: Five special findings', *Molecular Psychiatry* 20/1 (2015), pp. 98–108.
4. 估计值范围为 33.3% 到 50%。D. Lykken and A. Tellegen, 'Happiness is a stochastic phenomenon', *Psychological Science* 7/3 (1996), pp. 186–189; J. H. Stubbe, D. Posthuma et al., 'Heritability of life satisfaction in adults: A twin-family study', *Psychological Medicine* 35/11 (2005), pp. 1581–1588; M. Bartels et al., 'Heritability and genome-wide linkage scan of subjective happiness', *Twin Research and Human Genetics* 13/2 (2010), pp. 135–142; J.-E. De Neve et al., 'Genes, economics, and happiness', *Journal of Neuroscience, Psychology, and Economics* 5/4 (2012), pp. 193–211.
5. Daniel Kahneman, *Thinking, Fast and Slow* (London: Allen Lane, 2011).
6. R. Koestner et al., 'Attaining personal goals: Self-concordance plus implementation intentions equals success', *Journal of Personality and Social*

Psychology 83/1 (2002), pp. 231– 244，该论文探讨了承诺应该兼具挑战性与可行性的原因。

7. Heidi Grant-Halvorson, *Reinforcements: How to Get People to Help You* (Boston, MA: Harvard Business Review Press, 2018)，这本书详细探讨了有关求助的心理学研究，并提供了相关的实验证据。
8. V. K. Bohns, '(Mis)understanding our influence over others: A review of the underestimation-of-compliance effect' , *Current Directions in Psychological Science* 25/2 (2016), pp. 119–123.
9. 瓦妮莎·伯恩斯研究过这类求助，结果表明，相较于通过电子邮件求助，面对面求助更容易成功。
10. D. A. Newark et al., 'The value of a helping hand: Do help-seekers accurately predict help quality?' , *Academy of Management Proceedings* 2016/1 (2017).
11. M. M. Roghanizad and V. K. Bohns, 'Ask in person: You're less persuasive than you think over email' , *Journal of Experimental Social Psychology* 69 (2017), pp. 223–226，该论文证明了，人们通常会低估面对面求助的成功率，并高估通过电子邮件求助时收到肯定回复的可能性。
12. 就本质而言，你向他人求助是在让对方做选择，他们可以同意，也可以拒绝。对于同一个决定，你可以用语言突显其积极的一面或消极的一面，当你突显其积极的一面时，对方同意的可能性更大。D. Kahneman and A. Tversky, 'Prospect theory: An analysis of decision under risk' , *Econometrica* 47/2 (1979), pp. 263–291；I. P. Levin et al., 'All frames are not created equal: A typology and critical analysis of framing effects' , *Organizational Behavior and Human Decision Processes* 76/2 (1998), pp. 149–188.
13. Y. Ioannides and L. Loury, 'Job information networks, neighborhood effects, and inequality' , *Journal of Economic Literature* 42/4 (2004), pp.

1056–1093，已有大量证据证明了社交圈对找工作的益处，该论文对这些证据进行了综述研究。此外，还有一些令人信服的研究也证明了社交圈与劳动力市场结果有关，这些研究包括：P. Bayer et al., ‘Place of work and place of residence: Informal hiring networks and labor market outcomes’, *Journal of Political Economy* 116/6 (2008), pp. 1150–1196; J. Hellerstein et al., ‘Neighbors and coworkers: The importance of residential labor market networks’, *Journal of Labor Economics* 29/4 (2011), pp. 659–695。

第 2 章

1. 在爱尔兰语中，条件语气是一种很奇怪的时态，是使用肯定陈述的条件句，适用于谈论可能会发生也可能不会发生的事情。例如，“如果我是一位成功的作家，我会非常开心”。现在的爱尔兰学生依旧害怕考到条件语气。
2. 新的证据表明，社交会影响人们的心理健康。例如，在社交网络上花费过多时间以及看到他人营造的形象，你会觉得其他人都过得比自己好。K. W. Müller et al., ‘A hidden type of internet addiction? Intense and addictive use of social networking sites in adolescents’, *Computers in Human Behavior* 55/A (2016), pp. 172–177; H. G. Chou and N. Edge, ‘“They are happier and having better lives than I am”: The impact of using Facebook on perceptions of others’ lives’, *Cyberpsychology, Behavior, and Social Networking* 15/2 (2012), pp. 117–121.
3. 对我来说，估算持续查看电子邮件的时间成本很困难，哪怕每分钟统计一次。不过，我可以断言，无休止地查看电子邮件会妨碍我的工作，令我什么都完成不了，除非我有意识地控制自己的行为，停止查看电子邮件。
4. 不再快速、连续地收发电子邮件其实减少了邮件往来数量，因为此举让那些爱这么做的人意识到，我和他们不再是一类人了。我猜测他们已经换了发送对象。

5. 干预的个性化在行为科学领域仍是一个新的话题，不过，越来越多的研究证明了干预个性化在众多生活领域中的潜力。例如，已有研究证明，根据人们的行为及其所处的环境为其提供个性化的反馈，可以有效减少吸烟次数、控制糖尿病，帮助人们过上一种总体而言更健康、更积极向上的生活。J. L. Obermayer et al., 'College smoking cessation using cell phone text messaging', *Journal of American College Health* 53/2 (2004), pp. 71–79；A. L. Stotts et al., 'Ultrasound feedback and motivational interviewing targeting smoking cessation in the second and third trimesters of pregnancy', *Nicotine and Tobacco Research* 11/8 (2009), pp. 961–968；有关2型糖尿病的研究可参见 J. H. Cho et al., 'Mobile communication using a mobile phone with glucometer for glucose control in Type 2 patients with diabetes: As effective as an internet based glucose monitoring system', *Journal of Telemedicine and Telecare* 15/2 (2009), pp. 77–82；有关 1 型糖尿病患者的研究可参见 A. Farmer et al., 'A real-time, mobile phone-based telemedicine system to support young adults with type 1 diabetes', *Informatics in Primary Care* 13/3 (2005), pp. 171–178；F. Buttussi et al., 'Bringing mobile guides and fitness activities together: A solution based on an embodied virtual trainer', *Proceedings of the 8th Conference on Human-computer Interaction with Mobile Devices and Services* (2006), pp. 29–36；H. O. Chambliss et al., 'Computerized self-monitoring and technology assisted feedback for weight loss with and without an enhanced behavioural component', *Patient Education and Counseling* 85/3 (2011), pp. 375–382。英国税务及海关总署会经常对他们发出的信件进行个性化处理，以确保收件人按时缴税，参见英国内阁办公室行为透视团队（Behavioural Insights Team）2012 年的报告《运用行为科学见解减少欺诈、错误和债务》（*Applying behavioural insights to reduce fraud, error and debt*）。

6. 一些伟大的研究探究了同伴效应对学生成绩的影响，包括 S. E. Carrell and M. L. Hoekstra, ‘Externalities in the classroom: How children exposed to domestic violence affect everyone’s kids’, *American Economic Journal: Applied Economics* 2/1 (2010), pp. 211–228；S. E. Carrell et al., ‘Does your cohort matter? Measuring peer effects in college achievement’, *Journal of Labor Economics* 27/3 (2009), pp. 439–464；D. J. Zimmerman, ‘Peer effects in academic outcomes: Evidence from a natural experiment’, *Review of Economics and Statistics* 85/1 (2003), pp. 9–23；B. Sacerdote, ‘Peer effects with random assignment: Results for Dartmouth roommates’, *The Quarterly Journal of Economics* 116/2 (2001), pp. 681–704。还有证据表明，同伴效应可以改变其他结果，比如教学质量、犯罪倾向，以及抽烟喝酒的可能性，参见 C. K. Jackson and E. Bruegmann, ‘Teaching students and teaching each other: The importance of peer learning for teachers’, *American Economic Journal: Applied Economics* 1/4 (2009), pp. 85–108)；P. Bayer et al., ‘Building criminal capital behind bars: Peer effects in juvenile corrections’, *The Quarterly Journal of Economics* 124/1 (2009), pp. 105–147；A. E. Clark and Y. Lohéac, ‘ “It wasn’t me, it was them!” Social influence in risky behavior by adolescents’, *Journal of Health Economics* 26/4 (2007), pp. 763–784。
7. E. O’Rourke et al., ‘Brain points: A growth mindset incentive structure boosts persistence in an educational game’, *Conference on Human Factors in Computing Systems – Proceedings* (2014), pp. 3339–3348.
8. J. Aronson et al., ‘Reducing the effects of stereotype threat on African American college students by shaping theories of intelligence’, *Journal of Experimental Social Psychology* 38/2 (2002), pp. 113–125；D. Paunesku et al., ‘Mind-set interventions are a scalable treatment for academic underachievement’, *Psychological Science* 26/6 (2015), pp. 784–793；

D. S. Yeager et al., ‘Using design thinking to improve psychological interventions: The case of the growth mindset during the transition to high school’, *Journal of Educational Psychology* 108/3 (2016), pp. 374–391.

9. G. L. Cohen et al., ‘Reducing the racial achievement gap: A social-psychological intervention’, *Science* 313/5791 (2006), pp. 1307–1310.

10. J. J. Heckman and T. Kautz, ‘Fostering and measuring skills: Interventions that improve character and cognition’, (No. 19656) National Bureau of Economic Research (2013)；D. Almond et al., ‘Childhood circumstances and adult outcomes: Act II’, *Journal of Economic Literature* 56/4 (2018), pp. 1360–1446，该论文提出了一个令人信服的论点并给出了相应的实证证据，这个论点是，在整个生命历程中，人们所拥有的软技能是可以改变的。值得注意的是，作者们还指出，当一个人处于少年时期时，其拥有的这些技能比认知技能更具可塑性。

11. G. M. Walton and G. L. Cohen, ‘A brief social-belonging intervention improves academic and health outcomes of minority students’, *Science* 331/6023 (2011), pp. 1447–1451，研究人员使用了 92 名新生的行政管理数据，这些新生所在的大学校区面积很大。

12. A. C. Cooper et al., ‘Entrepreneurs’ perceived chances for success’, *Journal of Business Venturing* 3/2 (1988), pp. 97–108.

13. 2006 年，G. P. 莱瑟姆（G. P. Latham）和 E. A. 洛克（E. A. Locke）回顾了过去 40 多年有关目标制订的研究，他们得出一个结论：在人们致力于实现某一目标时，这个目标若是明确且具体的，他们的表现会更出色，实现目标的可能性也会大大增加。

14. R. Koestner et al., ‘Attaining personal goals’ (2002)；and E. A. Locke and G. P. Latham, ‘Building a practically useful theory of goal setting and task motivation’, *American Psychologist* 57/9 (2002), pp. 705–717.

15. E. A. Locke et al., ‘Separating the effects of goal specificity from goal level’, *Organizational Behavior and Human Decision Processes* 43/2 (1989), pp. 270–287.
16. 有关确认目标的意义与幸福感之间的关联，参见 Paul Dolan, *Happiness by Design: Finding Pleasure and Purpose in Everyday Life* (London: Penguin Books, 2014)；有关确认目标的意义与动力之间的关联，参见 Emily Esfahani Smith, *The Power of Meaning: Crafting a Life That Matters* (New York: Crown, 2017)；有关确认目标的意义与压力减轻和心态平和之间的关联，参见 Kim S. Cameron, *Positive Leadership* (San Francisco, CA: Berret-Koehler Publishers, 2008)；D. Chandler and A. Kapelner, ‘Breaking monotony with meaning: Motivation in crowdsourcing markets’, *Journal of Economic Behavior and Organization* 90 (2013), pp.123–133；B. D. Rosso et al., ‘On the meaning of work: A theoretical integration and review’, *Research in Organizational Behavior* 30/C (2010), pp. 91–127。
17. 这利用了金 · S. 卡梅隆（Kim S. Cameron）在《正向领导》(*Positive Leadership*）中提出的框架。
18. 参见 R. Koestner et al., ‘Attaining personal goals’ (2002)，该研究强调，人们在追逐某一目标时若能看到自己的进展，其后续的表现或许会更好。
19. N. Rothbard and S. Wilk, ‘Waking up on the right or wrong side of the bed: Start-of-workday mood, work events, employee affect, and performance’, *Academy of Management Journal* 54/5 (2011), pp. 959–980，该研究考虑了人们在工作日开始时的情绪，试图探究这种情绪对呼叫中心工作人员的影响。两位作者提供了明确的证据，证明了这些工作人员在一天开始时的情绪会对他们的工作质量，以及他们与顾客沟通的方式产生重大影响。值得注意的是，你的情绪会严重影响你看待世界的方式和你的行为方式。虽然你无法时刻控制自己的情绪，但你可以在不顺心的时候多体贴、理解一下自己。

20. 市场营销领域对折中效应进行了大量研究，该效应很好地解释了人们的购买决策。它意味着，在购物时，如果有三档价位的产品供选择，大部分人会选择价位居中的那一个。既然人们在做出购买决策时往往更青睐价位适中的那一个，那为什么不可以说，我们在分配时间时也更青睐工作量适中的那一个呢？也许你的身体里藏着一个金发女孩[①]，折中效应将帮助你选出正好适合你的工作量！ A. Chernev, 'Context effects without a context: Attribute balance as a reason for choice', *Journal of Consumer Research* 32/2 (2005), pp. 213–223; N. Novemsky et al., 'Preference fluency in choice', *Journal of Marketing Research* 44/3 (2007), pp. 347–356; U. Khan et al., 'When trade-offs matter: The effect of choice construal on context effects', *Journal of Marketing Research* 48/1 (2011), pp. 62–71.
21. Richard H. Thaler and Cass R. Sunstein, *Nudge: Improving Decisions about Health, Wealth, and Happiness* (New Haven, CT: Yale University Press, 2008) ; J. Bhattacharya et al., 'Nudges in exercise commitment contracts: A randomized trial', *NBER Working Paper Series* 21406 (2015) ; K. Volpp et al., 'Financial incentive-based approaches for weight loss: A randomized trial', *JAMA* 300/22 (2008), pp. 2631–2637.

第 3 章

1. 是的，行为科学家就是有一个万能答案！不相信我们的理论？那一定是你有偏差！这个答案很好用，不是吗？
2. Scott Page, *The Diversity Bonus: How Great Teams Pay Off in the Knowledge Economy* (Princeton, NJ: Princeton University Press, 2017).

---

① 这个人物出自童话《金发女孩与三只熊》。——译者注

3. R. Stinebrickner and T. R. Stinebrickner, 'What can be learned about peer effects using college roommates? Evidence from new survey data and students from disadvantaged backgrounds', *Journal of Public Economics* 90/8-9 (2006), pp. 1435–1454.
4. S. Pinchot et el., 'Are surgical progeny more likely to pursue a surgical career?' *Journal of Surgical Research* 147/2 (2008), pp. 253–259，该论文阐述了医生的职业遗传；V. Scoppa, 'Intergenerational transfers of public sector jobs: A shred of evidence on nepotism', *Public Choice* 141/1 (2009), pp. 167–188，该论文研究的是公共部门的工作；B. Feinstein, 'The dynasty advantage: Family ties in congressional elections', *Legislative Studies Quarterly* 35/4 (2010), pp. 571–598，该论文探究的是美国政府内的职位；L. Chen et al., 'Following (not quite) in your father's footsteps: Task followers and labor market outcomes', MPRA Paper 76041 (2017)，该论文指出，孩子会选择与父母的职业相似的工作。
5. R. Brooks et al., 'Deal or no deal, that is the question: The impact of increasing stakes and framing effects on decision-making under risk', *International Review of Finance* 9/1-2 (2009), pp. 27–50，and J. Watson and M. McNaughton, 'Gender differences in risk aversion and expected retirement benefits', *Financial Analysts Journal* 63/4 (2007), pp. 52–62，这些论文提供了有关性别的证据；C. C. Bertaut, 'Stockholding behavior of US households: Evidence from the 1983–1989 Survey of Consumer Finances', *Review of Economics and Statistics* 80/2 (1998), pp. 263–275，and K. L. Shaw, 'An empirical analysis of risk aversion and income growth', *Journal of Labor Economics* 14/4 (1996), pp. 626–653，这些论文提供了有关教育水平的证据；J. Sung and S. Hanna, 'Factors related to risk tolerance', *Journal of Financial Counseling and Planning* 7 (1996), pp. 11–19，and D. A. Brown, 'Pensions and

risk aversion: The influence of race, ethnicity, and class on investor behavior', *Lewis & Clark Law Review* 11/2 (2007), pp. 385–406，这些论文提供了有关美国种族差异的证据；W. B. Riley and K. V. Chow, 'Asset allocation and individual risk aversion', *Financial Analysts Journal* 48/6 (1992), pp. 32–37, and R. A. Cohn et al., 'Individual investor risk aversion and investment portfolio composition', *The Journal of Finance* 30/2 (1975), pp. 605–620，这些论文提供了有关财富差异的证据。

6. P. Brooks and H. Zank, 'Loss averse behavior', *Journal of Risk and Uncertainty* 31/3 (2005), pp. 301–325; and U. Schmidt and S. Traub, 'An experimental test of loss aversion', *Journal of Risk and Uncertainty* 25/3 (2002), pp. 233–249.
7. M. Mayo, 'If humble people make the best leaders, why do we fall for charismatic narcissists?' *Harvard Business Review* (7 April 2018).
8. John Annett, Feedback and Human Behaviour: The Effects of Knowledge of Results, Incentives and Reinforcement on Learning and Performance (Harmondsworth, Middlesex: Penguin Books, 1969) and Albert Bandura, *Principles of Behavior Modification* (New York, London: Holt, Rinehart and Winston, 1969).
9. A. Kluger and A. DeNisi, 'The effects of feedback interventions on performance: A historical review, a meta-analysis, and a preliminary feedback intervention theory', *Psychological Bulletin* 119/2 (1996), pp. 254–284，这篇论文中的元分析综合考虑了607个效应量，关乎一项统计分析中的23 663个观察结果，该统计分析研究的是反馈对表现的影响。
10. V. Tiefenbeck et al., 'Overcoming salience bias: How real-time feedback fosters resource conservation', *Management Science* 64/3 (March 2013), pp. 1458–1476，该论文强调了实时反馈会改变能源密集型资源的消耗情况。

11. T. Gilovich et al., 'The spotlight effect in social judgment: An egocentric bias in estimates of the salience of one's own actions and appearance', *Journal of Personality and Social Psychology* 78/2 (2000), pp. 211–222.

12. 有关这两种偏差的严肃探讨，参见 J. Baron and I. Ritov, 'Omission bias, individual differences, and normality', *Organizational Behavior and Human Decision Processes* 94/2 (2004), pp. 74–85。

13. I. M. Davison and A. Feeney, 'Regret as autobiographical memory', *Cognitive Psychology* 57/4 (2008), pp. 385–403；T. Gilovich et al., 'Varieties of regret: A debate and partial resolution', *Psychological Review* 105/3 (1998), pp. 602–605；M. Morrison and N. Roese, 'Regrets of the typical American: Findings from a nationally representative sample', *Social Psychological and Personality Science* 2/6 (2011), pp. 576–583.

14. S. Davidai and T. Gilovich, 'The ideal road not taken: The self-discrepancies involved in people's most enduring regrets', *Emotion* 18/3 (2018), pp. 439–452.

15. D. M. Tice et al., 'Restoring the self: Positive affect helps improve self-regulation following ego depletion', *Journal of Experimental Social Psychology* 43/3 (2007), pp. 379–384.

第 4 章

1. 我会选一个自己认为完美的人，但我肯定不是想孤立某一类读者。

2. 可惜这 100 英镑是假设的！

3. S. J. Solnick, 'Gender differences in the ultimatum game', *Economic Inquiry* 39/2 (2001), pp. 189–200；and C. Eckel et al., 'Gender and negotiation in the small: Are women (perceived to be) more cooperative

than men?', *Negotiation Journal* 24/4 (2008), pp. 429–445.

4. 有关年龄的证据，参见 D. Neumark at al., 'Is it harder for older workers to find jobs? New and improved evidence from a field experiment', *Journal of Political Economy* 127/2 (2019), pp. 922–970；有关在英格兰的性别证据，参见 P. A. Riach and J. Rich, 'An experimental investigation of sexual discrimination in hiring in the English labor market', *Advances in Economic Analysis & Policy* 5/2 (2006), pp. 1–22；有关育龄女性的证据，参见 S. O. Becker et al., 'Discrimination in hiring based on potential and realized fertility: Evidence from a large-scale field experiment', *Labour Economics* 59 (2019), pp. 139–152。
5. 在英国，男性企业家与女性企业家的比例为 10 : 5；在澳大利亚、美国和加拿大，这一比例稍微高一点，为 10 : 6；在英国（参见 *The Alison Rose Review of Female Entrepreneurship*, 2019），只有 1% 的风投资金流向了全女性团队创建的企业，这阻碍了它们的发展壮大（参见 British Business Bank, Diversity VC, and BVCA, *UK VC & Female Founders report*, February 2019）。
6. D. O'Brien et al., 'Are the creative industries meritocratic? An analysis of the 2014 British Labour Force Survey', *Cultural Trends* 25/2 (2016), pp. 116–131，该论文证明了，在创意产业中，工人阶级的代表人数不足。S. Friedman et al., '"Like skydiving without a parachute": How class origin shapes occupational trajectories in British acting', *Sociology* 51/5 (2017), pp. 992–1010，该论文研究的是演艺行业，得出了与前者相似的结论。
7. J. Miller, 'Tall poppy syndrome (Canadians have a habit of cutting their female achievers down)', *Flare* 19/4 (1997), pp. 102–106; P. McFedries, 'Tall poppy syndrome dot-com', *IEEE Spectrum* 39/12 (2002), p. 68; H. Kirwan-Taylor, 'Are you suffering from tall poppy syndrome', *Management Today* 15 (2006); J. Kirkwood, 'Tall poppy syndrome: Implications for

entrepreneurship in New Zealand', *Journal of Management and Organization* 13/4 (2007), pp. 366–382.

8. 研究表明，得到了风险投资的初创企业比没有得到风险投资的初创企业表现更佳。W. L. Megginson and K. A. Weiss, 'Venture capitalist certification in initial public offerings', *The Journal of Finance* 46/3 (1991), pp. 879–903; Jeffry A. Timmons, *New Venture Creation: Entrepreneurship for the 21st Century* (Boston, MA: Irwin/McGraw-Hill, 1999).

9. Cass Sunstein and Reid Hastie, *Wiser*: *Getting Beyond Groupthink to Make Groups Smarter* (Boston, MA: Harvard Business Review Press, 2015)，这本书总结了有关群体思维的实验性研究和观察性研究，非常精彩。

10. W. Bruine de Bruin, 'Save the last dance for me: Unwanted serial position effects injury evaluations', *Acta Psychologica* 118/3 (2005), pp. 245–260，该论文提供了来自花样滑冰和欧洲歌唱大赛的证据; L. Page and K. Page, 'Last shall be first: A field study of biases in sequential performance evaluation on the Idol series', *Journal of Economic Behavior and Organization* 73/2 (2010), pp. 186–198，该论文提供了来自电视选秀比赛的证据。

11. 若想详细了解出场顺序对竞赛的影响，参见 F. B. Gershberg and A. P. Shimamura, 'Serial position effects in implicit and explicit tests of memory', *Journal of Experimental Psychology*: *Learning*, *Memory*, *and Cognition* 20/6 (1994), pp. 1370–1378; N. Burgess and G. J. Hitch, 'Memory for serial order: A network model of the phonological loop and its timing', *Psychological Review* 106/3 (1999), pp. 551–581。

12. W. S. Harvey, 'Strong or weak ties? British and Indian expatriate scientists finding jobs in Boston', *Global Networks* 8/4 (2008), pp. 453–473，该论文指出，英国科学家和印度科学家在波士顿找工作时，强关系和弱关系都为他们提供了助益; D. Z. Levin and R. Cross, 'The strength of weak ties you can trust:

The mediating role of trust in effective knowledge transfer', *Management Science* 50/11 (2004), pp. 1477–1490，该论文强调，在企业内部的知识转移中，弱关系和强关系都发挥着作用；D. W. Brown and A. M. Konrad, 'Granovetter was right: The importance of weak ties to a contemporary job search', *Group and Organization Management* 26/4 (2001), pp. 434–462，该论文展示了在找工作和谈薪资方面弱关系相较于强关系的优势，这一实证研究的结论得到了另一研究的证实：V. Yakubovich, 'Weak ties, information, and influence: How workers find jobs in a local Russian labor market', *American Sociological Review* 70/3 (2005), pp. 408–421。T. Elfring and W. Hulsink, 'Networks in entrepreneurship: The case of high-technology firms', *Small Business Economics* 21/4 (2003), pp. 409–422，该论文强调了科技行业的新兴企业家可以从弱关系中获得的好处。

13. S. Lundberg and J. Stearns, 'Women in economics: Stalled progress', *Journal of Economic Perspectives* 33/1 (2019), pp. 3–22，这篇论文非常精彩，论述了女性在经济学领域的处境比在其他学科领域更加艰难的原因。

第5章

1. 在我认识的人中，最爱用这句老话的是与我同在伦敦政治经济学院的教授保罗·多兰。其实，行为科学管理硕士专业的"环境很重要"奖学金的名称就源自他，这是他在教学中说得最多的一句话。行为科学研究中也有大量证据证明了这句话的分量，比如有关如何利用环境改变与健康相关的行为的探讨。G. J. Hollands et al., 'The TIPPME intervention typology for changing environments to change behavior', *Nature Human Behaviour* 1 (2017).
2. A. North et al., 'The influence of in-store music on wine selections', *Journal of Applied Psychology* 84/2 (1999), pp. 271–276.

3. E. M. Altmann et al., ‘Momentary interruptions can derail the train of thought’, *Journal of Experimental Psychology: General* 143/1 (2014), pp. 215–226，该论文指出，在实验室实验中，不足 3 秒的干扰也会中断基于序列的认知任务，致使其出现更多错误；G. Carlton and M. A. Blegen, ‘Medication-related errors: A literature review of incidence and antecedents’, *Annual Review of Nursing Research* 24/1 (2006), pp. 19–38，该论文阐述了干扰与医院用药相关错误之间的关联；A. Mawson, ‘The workplace and its impact on productivity’, *Advanced Workplace Associates, London* 1 (2012), pp. 1–12，该论文称，令人分心的事情会打断个体的心流状态。
4. 干扰还会影响人们对工作的满意度，使人易怒，甚至会让人抑郁。参见对护士的研究：B. D. Kirkcaldy and T. Martin, ‘Job stress and satisfaction among nurses: Individual differences’, *Stress Medicine* 16/2 (2000), pp. 77–89；对呼叫中心工作人员的研究：S. Grebner et al., ‘Working conditions, well-being, and job-related attitudes among call centre agents’, *European Journal of Work and Organizational Psychology* 12(4) (2003), pp. 341–365；对全科医生的研究：U. Rout et al., ‘Job stress among British general practitioners: Predictors of job dissatisfaction and mental ill-health’, *Stress Medicine* 12/3 (1996), pp. 155–166)。
5. 有关空气流通与生产力之间的关联，参见 P. Wargocki et al., ‘The effects of outdoor air supply rate in an office on perceived air quality, Sick Building Syndrome (SBS) symptoms and productivity’, *Indoor Air* 10/4 (2000), pp. 222–236；有关空调与疾病之间的关联，参见 P. Preziosi et al., ‘Work- place air-conditioning and health services attendance among French middle-aged women: A prospective cohort study’, *International Journal of Epidemiology* 33/5 (2004), pp. 1120–1123。
6. 关于室内植物如何提升办公空间里的人员的专注力的研究，参见 R. K. Raanaas

et al., 'Benefits of indoor plants on attention capacity in an office setting', *Journal of Environmental Psychology* 31/1 (2011), pp. 99–105。

7. M. Münch et al., 'Effects of prior light exposure on early evening performance, subjective sleepiness, and hormonal secretion', *Behavioral Neuroscience* 126/1 (2012), pp. 196–203；Joshi, 'The sick building syndrome', *Indian Journal of Occupational and Environmental Medicine* 12/2 (2008), p. 61；V. I. Lohr et al., 'Interior plants may improve worker productivity and reduce stress in a windowless environment', *Journal of Environmental Horticulture* 14/2 (1996), pp. 97–100.
8. 有关创造力与昏暗的灯光之间的关联，参见A. Steidle and L. Werth, 'Freedom from constraints: Darkness and dim illumination promote creativity', *Journal of Environmental Psychology* 35 (2013), pp. 67–80；有关明亮的光线和专注力的探讨，参见 H. Mukae and M. Sato, 'The effect of color temperature of lighting sources on the autonomic nervous functions', *The Annals of Physiological Anthropology* 11/5 (1992), pp. 533–538。
9. L. Lan et al., 'Neurobehavioral approach for evaluation of office workers' productivity: The effects of room temperature', *Building and Environment* 44/8 (2009), pp. 1578–1588；L. Lan et al., 'Effects of thermal discomfort in an office on perceived air quality, SBS symptoms, physiological responses, and human performance', *Indoor Air* 21/5 (2011), pp. 376–390.
10. H. Jahncke et al., 'Open-plan office noise: Cognitive performance and restoration', *Journal of Environmental Psychology* 31/4 (2011), pp. 373–382.
11. S. Banbury and D. C. Berry, 'Disruption of office-related tasks by speech and office noise', *British Journal of Psychology* 89/3 (1998), pp. 499–517.
12. P. Barrett et al., 'The impact of classroom design on pupils' learning: Final results of a holistic, multi-level analysis', *Building and Environment* 89

(2015), pp. 118–133.

13. A. S. Soldat et al., ‘Color as an environmental processing cue: External affective cues can directly affect processing strategy without affecting mood’, *Social Cognition* 15/1 (1997), pp. 55–71; R. Mehta and R. Zhu, ‘Blue or red? Exploring the effect of color on cognitive task performances’, *Science* 323/5918 (2009), pp. 1226–1229; S. Lehrl et al., ‘Blue light improves cognitive performance’, *Journal of Neural Transmission* 114/4 (2007), pp. 457–460; Z. O’Connor, ‘Colour psychology and colour therapy: Caveat emptor’, *Color Research & Application* 36/3 (2011), pp. 229–234.
14. Mehta and Zhu, ‘Blue or red?’ (2009)，该论文总结了红蓝对比的研究。
15. K. W. Jacobs and J. F. Suess, ‘Effects of four psychological primary colors on anxiety state’, *Perceptual and Motor Skills* 41(1) (1975), pp. 207–210，该论文作者考虑了红色、黄色、蓝色和绿色对受访者自己评估的焦虑值的影响，发现红色和黄色与较高的焦虑值相关，蓝色和绿色与较低的焦虑值相关；亦可参见 A. Al-Ayash et al., ‘The influence of color on student emotion, heart rate, and performance in learning environments’, *Color Research and Application* 41/2 (2016), pp.196–205，该论文指出，相较于红色和黄色，蓝色更能令人平静。
16. 参见 Al-Ayash et al., ‘The influence of color’ (2016)，该论文作者让学生在私人学习空间里完成阅读任务，研究鲜艳的红色、黄色、蓝色与浅淡的红色、黄色、蓝色这 6 种颜色对他们的表现的影响。

第 6 章

1. D. Laibson and J. List, ‘Principles of (behavioral) economics’, *American Economic Review* 105/5 (2015), pp. 385–390，该论文概述了行为科学领域的

一些简明的仿真陈述，旨在鼓励该学科课堂教学的创新。

2. A. Killen and A. Macaskill, 'Using a gratitude intervention to enhance well-being in older adults', *Journal of Happiness Studies* 16/4 (2015), pp. 947–964，该论文阐述了感恩练习与自尊水平提升之间的关联；F. Gander et al., 'Strength-based positive interventions: Further evidence for their potential in enhancing well-being and alleviating depression', *Journal of Happiness Studies* 14/4 (2013), pp. 1241–1259，该论文指出了感恩与抑郁症患病率下降之间的关联；M. E. P. Seligman et al., 'Positive psychology progress: Empirical validation of interventions', *American Psychologist* 60/5 (2005), pp. 410–421，该论文找到了感恩与幸福感提升之间的关联。
3. N. Ashraf et al., 'Losing prosociality in the quest for talent? Sorting, selection, and productivity in the delivery of public services', LSE Research Online Documents on Economics 88175, London School of Economics and Political Science, LSE Library (2018).
4. 我与保罗·多兰的研究表明，当涉及代际流动时，相较于向上流动对生活满意度和心理健康的有利影响，向下流动带来的不利影响更为深远。我们的结论源自对 1970 年英国队列（British Cohort）研究的研究，这是一个了不起的数据集，跟踪记录了那些于 1970 年出生在英国的人的一生。
5. P. Grossman et al., 'Mindfulness-based stress reduction and health benefits: A meta-analysis', *Journal of Psychosomatic Research* 57/1 (2004), pp. 35–43，该论文综合了许多研究的成果，证明了基于减压疗法的正念有助于减轻压力，对健康有益；更新一点的研究有 M. Goyal et al., 'Meditation programs for psychological stress and well-being: A systematic review and meta-analysis', *JAMA Internal Medicine* 174/3 (2014), pp. 357–368，该论文对 47 次随机试验进行元分析后指出，有合理的证据表明，冥想能够缓解人们的焦虑、抑郁和疼痛，但对人们的情绪、注意力、用药、饮食、睡眠质量

和体重没有影响。

6. G. Bonanno, ‘Loss, trauma, and human resilience: Have we underestimated the human capacity to thrive after extremely aversive events?’, *American Psychologist* 59/1 (2004), pp. 20–28，该论文强调了顽强是通往复原力的途径；S. Maddi, ‘The story of hardiness: Twenty years of theorizing, research, and practice’, *Consulting Psychology Journal: Practice and Research* 54/3 (2002), pp. 173–185，该论文证明了顽强能增强人们在面对压力与请求时的复原力；E. P. Seligman, ‘Building resilience’, *Harvard Business Review* 89/4 (2011), pp. 100–106，该论文强调了增强毅力可提升复原力水平。
7. B. Smith et al., ‘The brief resilience scale: Assessing the ability to bounce back’, *International Journal of Behavioral Medicine* 15/3 (2008), pp. 194–200，该论文证明了复原力对人们的社会关系、身体健康和心理健康是有益的；Q. Gu and C. Day, ‘Teachers’ resilience: A necessary condition for effectiveness’, *Teaching and Teacher Education* 23/8 (2007), pp. 1302–1316，该论文证明了复原力会让教师更有动力、更尽责；L. Abramson et al., ‘Learned helplessness in humans: Critique and reformulation’, *Journal of Abnormal Psychology* 87/1 (1978), pp. 49–74，该论文指出，大学生的创新思维能力与其复原力是相关联的。

未来，属于终身学习者

我这辈子遇到的聪明人（来自各行各业的聪明人）没有不每天阅读的——没有，一个都没有。巴菲特读书之多，我读书之多，可能会让你感到吃惊。孩子们都笑话我。他们觉得我是一本长了两条腿的书。

——查理·芒格

互联网改变了信息连接的方式；指数型技术在迅速颠覆着现有的商业世界；人工智能已经开始抢占人类的工作岗位……

未来，到底需要什么样的人才？

改变命运唯一的策略是你要变成终身学习者。未来世界将不再需要单一的技能型人才，而是需要具备完善的知识结构、极强逻辑思考力和高感知力的复合型人才。优秀的人往往通过阅读建立足够强大的抽象思维能力，获得异于众人的思考和整合能力。未来，将属于终身学习者！而阅读必定和终身学习形影不离。

很多人读书，追求的是干货，寻求的是立刻行之有效的解决方案。其实这是一种留在舒适区的阅读方法。在这个充满不确定性的年代，答案不会简单地出现在书里，因为生活根本就没有标准确切的答案，你也不能期望过去的经验能解决未来的问题。

而真正的阅读，应该在书中与智者同行思考，借他们的视角看到世界的多元性，提出比答案更重要的好问题，在不确定的时代中领先起跑。

湛庐阅读 App：与最聪明的人共同进化

有人常常把成本支出的焦点放在书价上，把读完一本书当作阅读的终结。其实不然。

时间是读者付出的最大阅读成本

怎么读是读者面临的最大阅读障碍

“读书破万卷”不仅仅在“万”，更重要的是在“破”！

现在，我们构建了全新的“湛庐阅读”App。它将成为你“破万卷”的新居所。在这里：

- 不用考虑读什么，你可以便捷找到纸书、电子书、有声书和各种声音产品；
- 你可以学会怎么读，你将发现集泛读、通读、精读于一体的阅读解决方案；
- 你会与作者、译者、专家、推荐人和阅读教练相遇，他们是优质思想的发源地；
- 你会与优秀的读者和终身学习者为伍，他们对阅读和学习有着持久的热情和源源不绝的内驱力。

下载湛庐阅读 App，
坚持亲自阅读，
有声书、电子书、阅读服务，
一站获得。

CHEERS

本书阅读资料包

给你便捷、高效、全面的阅读体验

本书参考资料

湛庐独家策划

- 参考文献
  为了环保、节约纸张，部分图书的参考文献以电子版方式提供
- 主题书单
  编辑精心推荐的延伸阅读书单，助你开启主题式阅读
- 图片资料
  提供部分图片的高清彩色原版大图，方便保存和分享

相关阅读服务

终身学习者必备

- 电子书
  便捷、高效，方便检索，易于携带，随时更新
- 有声书
  保护视力，随时随地，有温度、有情感地听本书
- 精读班
  2~4周，最懂这本书的人带你读完、读懂、读透这本好书
- 课　程
  课程权威专家给你开书单，带你快速浏览一个领域的知识概貌
- 讲　书
  30分钟，大咖给你讲本书，让你挑书不费劲

湛庐编辑为你独家呈现
助你更好获得书里和书外的思想和智慧，请扫码查收！

（阅读资料包的内容因书而异，最终以湛庐阅读App页面为准）

Think Big by Grace Lordan

Copyright © Dr Grace Lordan, 2021

First published as THINK BIG in 2020 by Penguin Life, an imprint of Penguin General.

Penguin General is part of the Penguin Random House group of companies.

Published under licence from Penguin Books Ltd. Penguin (in English and Chinese) and the Penguin logo are trademarks of Penguin Books Ltd.

由湛庐与企鹅兰登（北京）文化发展有限公司 Penguin Random House (Beijing) Culture Development Co., Ltd. 合作出版

本书中文简体字版由企鹅兰登（北京）文化发展有限公司授权在中华人民共和国境内独家出版发行。未经出版者书面许可，不得以任何方式抄袭、复制或节录本书中的任何部分。

版权所有，侵权必究。

图书在版编目（CIP）数据

远见思维 /（英）格蕾丝·洛丹（Grace Lordan）著；石雨晴译．-- 杭州 ：浙江教育出版社，2022.10

书名原文：Think Big

ISBN 978-7-5722-4402-5

Ⅰ．①远… Ⅱ．①格… ②石… Ⅲ．①思维方法－通俗读物 Ⅳ．① B804-49

中国版本图书馆 CIP 数据核字（2022）第 170479 号

浙江省版权局
著作权合同登记号
图字：11-2022-244号

上架指导：行为科学 / 职场成长

版权所有，侵权必究

本书法律顾问　北京市盈科律师事务所　崔爽律师

远见思维

YUANJIAN SIWEI

［英］格蕾丝·洛丹（GRACE LORDAN） 著

石雨晴　译

责任编辑：高露露

美术编辑：韩　波

责任校对：洪　滔

责任印务：曹雨辰

封面设计：ablackcover.com

出版发行：浙江教育出版社（杭州市天目山路 40 号　电话：0571-85170300-80928）

印　　刷：唐山富达印务有限公司

开　　本：710mm ×965mm 1/16

印　　张：20　　**字　　数：**265 千字

版　　次：2022 年 10 月第 1 版　　**印　　次：**2022 年 10 月第 1 次印刷

书　　号：ISBN 978-7-5722-4402-5　　**定　　价：**99.90 元

如发现印装质量问题，影响阅读，请致电 010-56676359 联系调换。